新一代 GIS 平台关键技术丛书

几何代数 GIS 计算模型

罗 文 胡 勇 袁林旺 等 著

科 学 出 版 社

北 京

内 容 简 介

本书针对现有 GIS 计算缺乏顶层抽象、结构与流程不统一等问题，引入几何代数，从底层理论对现有 GIS 表达与计算方法进行创新，设计多维度、动态、多要素复合现代 GIS 分析的计算模型。本书发展了面向现代 GIS 空间数据表达与计算的几何代数空间，并设计了面向 GIS 问题代数化求解的几何代数算子和算法库，构建了简明、直观、可扩展的 GIS 空间分析问题求解模板；在算法实现层面，设计了基于几何代数 GIS 计算引擎，并以多元数据支撑下的多约束应急疏散应用为例，论证了所提出方法的有效性。基于几何代数的GIS计算模型有望为复杂的GIS空间分析问题提出一套完整的运算框架与求解模式，促进以多元融合分析为特征的新一代 GIS 的发展。

本书适合从事地理信息系统计算方法研究和算法开发等方向的科研工作者和研究生阅读参考。

图书在版编目(CIP)数据

几何代数 GIS 计算模型/罗文等著. —北京：科学出版社，2023.3
(新一代 GIS 平台关键技术丛书)
ISBN 978-7-03-074027-4

Ⅰ. ①几…　Ⅱ. ①罗…　Ⅲ. ①地理信息系统–计算模型　Ⅳ. ①P208

中国版本图书馆 CIP 数据核字(2022)第 228820 号

责任编辑：周　丹　沈　旭/责任校对：郝璐璐
责任印制：师艳茹/封面设计：许　瑞

科学出版社 出版
北京东黄城根北街 16 号
邮政编码：100717
http://www.sciencep.com
北京九天鸿程印刷有限责任公司 印刷
科学出版社发行　各地新华书店经销
*
2023 年 3 月第　一　版　开本：720×1000　1/16
2023 年 3 月第一次印刷　印张：12
字数：237 000
定价：169.00 元
(如有印装质量问题，我社负责调换)

“新一代 GIS 平台关键技术丛书”
编委会

丛书前言

地理信息技术是支撑地理学、地球系统科学和未来地球学等前沿探索的技术方法，也是服务于国家战略与社会发展的重要支撑技术。地理信息技术的发展受到高新技术发展、地球科学前沿需求和地理信息科学内涵发展的三重驱动。在技术驱动方面，新 ICT、大数据、自动驾驶和人工智能等新技术被广泛应用于 GIS，形成了高新技术驱动 GIS 技术发展，GIS 反馈推动高新技术发展的良性循环。在地球科学学科前沿方面，GIS 已经成为地理学和地球系统科学的重要支撑，并在未来地球计划中得到了高度的定位和肯定。在地理信息科学自身学科发展方面，地理空间也逐渐由自然、人文二元空间的表达转变成为自然、人文、信息三元世界的表达，使得对地理信息的理解从早期的空间加属性逐渐转变成对语义描述、时空位置、几何形态、演化过程、要素关系、作用机制和属性特征的全面描述。

在高新技术、地球科学前沿以及地理信息学科发展的共同驱动下，GIS 的对象、主体、模式、技术等正发生深刻变化，地理信息的内涵也得到了极大的扩充。多样化的应用需求驱动地理信息服务呈现专业化应用与泛在化大众服务融通发展的态势。数据资源、网络资源、计算和模型资源快速积累，导致了以泛在数据、异构计算、多模式终端等为代表的信息资源和信息基础设施呈现高度异构、分散孤立的态势，迫切需要突破现有地理信息数据、计算和分析资源的应用方式和服务模式，需要解决信息空间中地理时空格局、过程和相互作用机制的再现和表达问题，满足多视角、多模式、多场景的地理时空表达和分析，支撑地理信息的社会化应用与服务，构建高可用的可定制可配置的新一代 GIS 平台和“场景即服务”的地理空间服务新模式。

南京师范大学地理科学学院自 20 世纪 90 年代起持续专注于 GIS 平台关键技术研究。依托地图学与地理信息系统国家重点学科、地理学国家一流学科以及虚拟地理环境教育部重点实验室、江苏省地理信息资源开发与利用协同创新中心等学科平台支撑，通过国家高技术研究发展计划(863 计划)、国家重点研发计划、国家自然科学基金重点项目等项目的需求牵引，率先开展了新一代 GIS 平台关键技术研发，在高维时空数据模型与数据结构、地理场景高保真自动建模、地理大数据挖掘与泛在时空数据分析、新一代 GIS 平台架构和计算模型、地理信息可视化等方面取得了显著的成果。在理论探索、技术突破、平台研发、科学发现方面做出贡献，为拓展地理信息科学内涵、发展地理信息科学研究方法和建立地理信息系统平台研究提供了新模式和新范式。

“新一代 GIS 平台关键技术丛书”由南京师范大学虚拟地理环境教育部重点实验室等部门组织撰写，主要由从事新一代 GIS 平台开发的一线学者和骨干成员完成，其内容是我们多年研究进展和成果的系统总结与集体结晶，并通过专著、编著的形式持续出版，以期促进新一代 GIS 平台关键技术的原始创新、关键核心技术方法发展和实际应用，为打造自主可控的国家空间信息基础设施和基础软件平台提供系统性的新思想、新理论、新方法、新技术、新产品、新标准和新模式，也为新 ICT、大数据、自动驾驶和人工智能等新技术落地应用和地理信息技术支撑国家治理、国防安全和社会发展提供新的智慧和经验模式。

南京师范大学地理科学学院教授 闾国年

2021 年 11 月 5 日

于南京

前　言

时空数据分析是地理信息系统(GIS)的核心功能，也是 GIS 深化应用与服务的重要支撑。随着物联网、对地观测等技术的发展，地理数据愈发丰富，出现海量的高维度、多要素的密集型 GIS 时空数据。而与之相对的 GIS 计算规则与分析方法却较为滞后，使得海量数据资源难以得到有效利用。现有时空数据分析方法在多维对象的自适应表达、空间数据的统一分析及多维统一分析框架的构建方面仍显不足。引入可支撑多维表达结构及统一运算结构构建的新型数学理论，从底层理论上对现有 GIS 表达与计算方法进行创新，设计面向多维度、多要素复杂数据的计算模型，是突破传统 GIS 分析方法不统一、构建效率低下等问题，应对目前 GIS 应用瓶颈的有效途径。

一方面，几何代数是连接代数和几何、数学和物理、抽象空间和实体空间的统一描述性语言，利用几何代数对几何表达和代数运算的有机集成，可以实现基于代数规则的几何计算，从而在 GIS 计算的完备性、有效性及算法构建过程便捷性上实现突破。另一方面，几何代数运算的算子化与自适应的特性，可以实现高维度拓展和对动态自适应运算的内蕴支撑，便于构建基于几何代数的统一空间计算模板，有效提升现有时空计算算法的分析能力，拓展其应用范围。

在国家自然科学基金项目(项目编号：41625004、41976186、42130103)等的资助下，作者在前期基于几何代数的 GIS 理论、方法与应用的探索研究基础上，开展基于几何代数的 GIS 计算模型研究。构建常用 GIS 数据到几何代数空间的映射方法与转换机制，实现直接可支撑运算的 GIS 空间的表达，设计基于多重向量的 GIS 空间多要素数据的融合表达方法并对其运算结构和算子库加以研究。在实现层面，建立面向不同空间的几何代数计算模式与空间分析模板，设计统一的几何代数地理空间计算引擎，研究基于几何代数的 GIS 时空并行计算方法，提升现有空间计算的适用性与运算效率，最后通过原型系统和示范案例对 GIS 计算模型理论与方法加以验证。

本书是集体智慧的结晶，研究工作由罗文、胡勇和袁林旺共同完成。全书由罗文总体构思和编稿，胡勇和袁林旺参与了部分章节的编写工作。具体分工如下：

第 1、2 章，袁林旺；第 3～6 章，罗文；第 7、8 章，胡勇。本书在撰写过程中，还得到南京师范大学闾国年教授、俞肇元教授、李冬双博士和南通大学张季一博士的大力支持，在此一并感谢。

作　者

2022 年 12 月

目　　录

丛书前言
前言
第 1 章　绪论 ……………………………………………………………… 1
1.1　地理信息计算方法的发展与需求 ……………………………… 1
1.1.1　地理空间和要素表达的完备化 ……………………………… 1
1.1.2　GIS 算法维度统一性和通用性 ……………………………… 3
1.1.3　GIS 算法并行计算能力的提升 ……………………………… 4
1.2　GIS 计算模型及研究进展 ……………………………………… 4
1.2.1　GIS 运算空间构建研究 ……………………………………… 4
1.2.2　空间对象的计算模式研究 …………………………………… 5
1.2.3　空间计算的优化与并行化研究 ……………………………… 7
1.2.4　GIS 计算的模板编程方法 …………………………………… 8
1.3　基于几何代数的 GIS 计算模型 ………………………………… 8
1.3.1　几何代数及几何代数计算 …………………………………… 9
1.3.2　基于几何代数的空间计算 …………………………………… 10
1.3.3　基于几何代数的 GIS ………………………………………… 11
第 2 章　几何代数与几何代数计算空间 …………………………………… 13
2.1　几何代数与几何代数空间 ……………………………………… 13
2.1.1　几何代数积运算与 blade 表达 ……………………………… 13
2.1.2　几何积可倒性与几何问题形式化求解 ……………………… 15
2.1.3　几何代数空间的可定义性 …………………………………… 17
2.1.4　几何代数特征子空间构建及其内涵 ………………………… 18
2.2　几何代数空间中对象表达与多维融合 ………………………… 20
2.2.1　基于几何代数的基本形体表达 ……………………………… 21
2.2.2　基于几何代数的运动表达 …………………………………… 22
2.2.3　基于几何代数的语义表达 …………………………………… 23
2.2.4　基于多重向量的多维融合表达 ……………………………… 24
2.3　计算空间中算子集与计算规则 ………………………………… 27
2.3.1　特征内蕴的计算结构 ………………………………………… 27

2.3.2 多维统一算子集构建……28
2.3.3 多重向量计算规则……29
2.3.4 空间问题形式化求解与优化……31
2.4 本章小结……32
第 3 章 基于几何代数的 GIS 计算空间构建……34
3.1 基于几何代数 GIS 空间构建框架……34
3.1.1 计算空间构建框架……34
3.1.2 GA 空间向 GIS 计算空间的转换……35
3.2 GIS 计算空间中对象表达方法……36
3.2.1 基于 blade 的空间多维层次结构……36
3.2.2 基于 MVTree 的 GIS 多维融合表达……39
3.2.3 基于 MVTree 的 GIS 计算结构……43
3.3 基于几何代数的 GIS 分析方法……44
3.3.1 空间度量关系计算……44
3.3.2 对象拓扑关系计算……49
3.3.3 GIS 问题形式化求解示例……53
3.3.4 基于几何代数的分析框架……56
3.4 本章小结……57
第 4 章 GIS 算法的几何代数构造方法……58
4.1 基于几何代数的多维矢量算法重构方法……58
4.1.1 多维矢量计算空间抽象模式……58
4.1.2 多维矢量计算空间特征与运算方法……59
4.1.3 算法结构解析与空间分析……62
4.2 基于几何代数的高维场数据分析方法……67
4.2.1 高维场数据运算空间构建……67
4.2.2 特征子空间的投影与运算……68
4.2.3 场数据维度优化重组与计算方法……71
4.3 基于几何代数的网络表达与分析方法……78
4.3.1 网络空间构建与路径运算……78
4.3.2 网络约束嵌入与路径计算……80
4.3.3 网络最优路径求解框架……83
4.4 本章小结……86
第 5 章 模板化的 GIS 自适应空间计算方法……87
5.1 基于几何代数的计算模板构建……87

5.1.1 计算模块定义 …… 87
5.1.2 计算模板参数系统 …… 87
5.1.3 计算模板算子库 …… 88
5.2 GIS 算法模板结构 …… 91
5.2.1 计算模板的内部参数结构 …… 91
5.2.2 计算模板的外部层次结构 …… 94
5.3 GIS 计算模板案例 …… 97
5.4 本章小结 …… 101
第 6 章 基于几何代数的 GIS 并行化计算方法 …… 102
6.1 几何代数运算优化及并行化方法 …… 102
6.1.1 基于位运算的向量编码 …… 102
6.1.2 基于预乘表的基本运算优化 …… 103
6.1.3 多重向量分片并行 …… 107
6.1.4 运行时代码动态绑定 …… 109
6.2 面向模板化开发的 GIS 算法实现方法 …… 111
6.2.1 GIS 模板化开发框架 …… 111
6.2.2 脚本化模板开发方法 …… 111
6.2.3 模板化算法实现 …… 112
6.3 GIS 算法优化及并行化方法 …… 118
6.3.1 GIS 算法并行总体框架 …… 118
6.3.2 基于模板结构的算法并行化 …… 120
6.3.3 并行化案例 …… 121
6.4 本章小结 …… 131
第 7 章 基于几何代数的 GIS 计算引擎设计与实现 …… 133
7.1 基于几何代数 GIS 计算引擎设计 …… 133
7.1.1 GIS 计算引擎框架 …… 133
7.1.2 数据转换模块 …… 135
7.1.3 计算空间构建模块 …… 136
7.2 基本数据结构设计 …… 139
7.2.1 计算空间类设计与继承关系 …… 139
7.2.2 运算接口设计 …… 140
7.2.3 空间数据类结构设计 …… 141
7.3 计算引擎实现 …… 142
7.3.1 计算引擎层次架构与实现流程 …… 142

7.3.2 计算空间构建 ······ 143
7.3.3 计算模板与插件式嵌入 ······ 146
7.4 原型系统构建 ······ 146
7.4.1 整体架构 ······ 147
7.4.2 数据输入/输出接口 ······ 147
7.4.3 可视化及用户交互模块 ······ 149
7.5 本章小结 ······ 150
第 8 章 面向多元数据场景的 GIS 动态多约束分析实例 ······ 151
8.1 数据与分析流程 ······ 151
8.1.1 数字城市场景与动态约束数据 ······ 151
8.1.2 污染物扩散模型 ······ 152
8.1.3 基于模板的轨迹污染物浓度模拟 ······ 153
8.1.4 逃生路径规划 ······ 153
8.2 模板式场景分析算法实现 ······ 156
8.2.1 场景状态生成模板 ······ 157
8.2.2 场景状态插值模板 ······ 157
8.2.3 累积有害气体计算模块 ······ 158
8.3 典型应用示范 ······ 159
8.3.1 数据与实验设计 ······ 159
8.3.2 场景建模与可视化 ······ 160
8.3.3 模拟与疏散路径规划结果分析 ······ 160
8.4 本章小结 ······ 163
参考文献 ······ 164

第1章　绪　　论

现有GIS以几何学、地图学和计算机图形学为理论和方法支撑，形成了“以地图模型为核心、以欧氏与计算几何为基础、以空间数据管理与分析为目标”的研究模式。难以避免由于欧氏几何运算的坐标相关性、多维不统一性等特性所导致的计算结构复杂、语义不清晰以及动态计算困难等问题。同时，基于欧氏几何的空间计算更侧重对几何形态的描述和表达，而对度量、拓扑、关系、语义等特征信息的表达与计算集成不足。使得很难定义完备的空间计算算子，实现对空间计算的统一表达与运算。而由之带来的数据模型、数据结构、数据存储与管理方式以及空间索引机制等方面的复杂性，导致了空间计算拓展困难。从空间计算的数学基础进行创新，是改进和完善空间计算方法的有效途径。

1.1　地理信息计算方法的发展与需求

随着物联网及大数据时代的到来，对海量、动态、非结构化的多源空间数据的分析已成为当今及未来GIS发展的核心功能。大数据已经成为可以与物质资产和人力资本相提并论的重要生产要素，传统的以数据为核心的“管理型GIS”软件已趋于成熟，迫切需要发展以空间多要素分析与服务为核心，可有效支撑海量数据分析与过程模拟的“分析型GIS”。“分析型GIS”的发展代表地理信息研究范式从经验和实证向系统综合和大数据挖掘转变，并呈现从空间格局到时空过程、从现象描述到机理建模与模拟、从部门与区域研究向多尺度综合集成研究的发展趋向。然而现有GIS对地理语义、多尺度时空演化过程和要素相互作用的集成表达不够，迫切需要发展“以地理场景为基础、以时空融合为特征、以地理分析和模型集成为目标”的地理信息计算模式，从而能够对现实世界离散和连续、具象与抽象、几何与代数等多重表达进行融合集成，支撑地理信息的结构化、并行化处理与分析，实现多尺度地理场景及地理规律的表达、建模与综合分析。

1.1.1　地理空间和要素表达的完备化

全球性、大尺度地学综合研究的兴起，以及地理现象与地理过程内在的时空多尺度特征，使得地理空间表达需要同时使用笛卡儿、球面等不同坐标系统。GIS研究对象也从笛卡儿坐标系下相对简单的基本几何对象类型，逐渐发展为涉及多个坐标系统以及包含流形、非流形等不同形式、不同类型的复杂地理对象。GIS对地理空间的表达应能真实反映现实世界，实现复杂地理对象及连续地理现象一体化表达、建模与分析。然而，从几何视角出发的基于点、线、面、体、像素(pixel)、体元(voxel)等基本几何对象的现实地理世界表达本质上是基于离散化表达与描述思路的数据模型构建方法，难以同时兼顾连续与离散对象的统一表达与描述。传统基于欧氏几何框架的空间数据表达，对不同维度、不同坐标系统下地理对象和现象的表达与运算缺乏统一性，不仅增加了数据模型、分析算法及系统架构的复杂度，也难以支撑复杂空间分析及地理模型的运算需求。

地理问题的描述、分析与求解要求能够表达真实的地理环境，需要对所涉及的相关要素与内涵进行综合考虑与分析，进而要求对几何、时间、语义、关系及属性特征的整体表达，从而有效支撑复杂地理实体的分析和运算。现有GIS空间表达多侧重几何表达，属性、语义、时空关系等信息未能在数据模型层次上加以表达，而是在数据组织层面将其以元件、属性表等结构通过ID关联，其时空关系、语义信息等往往需要经过相对复杂的计算和推理后求得。

基于上述分析，如图1.1所示，需要集成不同空间(欧氏、射影、球面等)、统一不同坐标参考(投影坐标系统、时空参考系统、空间直角坐标系)，实现平面/

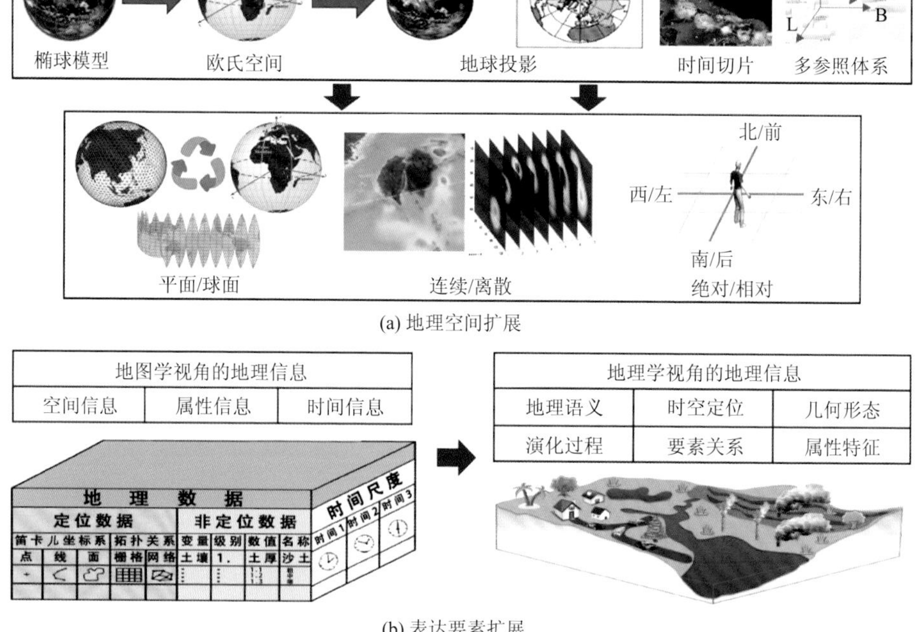

(a) 地理空间扩展

(b) 表达要素扩展

图1.1　地理信息表达空间与表达要素扩展

球面、连续/离散、绝对/相对的一体化表达。在表达要素上，需要从空间+属性+时间的地图学视角地理信息表达扩展为包含地理语义、时空定位、几何形态、演化过程、要素关系和属性特征的地理学视角地理信息表达。

1.1.2 GIS 算法维度统一性和通用性

随着空间对象的多样性和空间关系的复杂性的不断攀升，以欧氏几何和计算几何为基础的 GIS 空间计算高度依赖坐标系统，其运算和表达缺乏参数化和自适应特征，难以实现不同维度、不同坐标系统下地理对象的统一计算。多维表达和运算的不统一性使得对复杂地理对象及过程的分析与运算在流程和结构上具有“定制”特性，在数学基础上对多维统一计算的支撑能力弱，使得大部分算法难以直接实现维度拓展，部分可支撑高维计算的算法又往往需要进行大量繁杂的解析和重构工作，限制了现有 GIS 对大规模海量数据的建模、表达与分析能力。

由于不同数据模型底层数学理论基础不同，不同的应用需求往往需要通过复杂的坐标变换、对象剖分与函数逼近以及具有较高计算复杂度的算法加以实现，在多维对象表达、存储以及拓扑关系维护上也缺乏统一性，使得难以定义有限且完备的分析算子，并难以构建相对统一的算法框架，这既削弱了 GIS 对地理问题的表达与分析能力，又增加了 GIS 体系的复杂度。

如图 1.2 所示，理想的地理信息计算需要构建统一的数据表达与算子计算方法，实现面向目标的逻辑描述和形式化的 GIS 问题求解，并可根据不同计算环境及软硬件约束自动生成算法，进行代码优化与并行化。

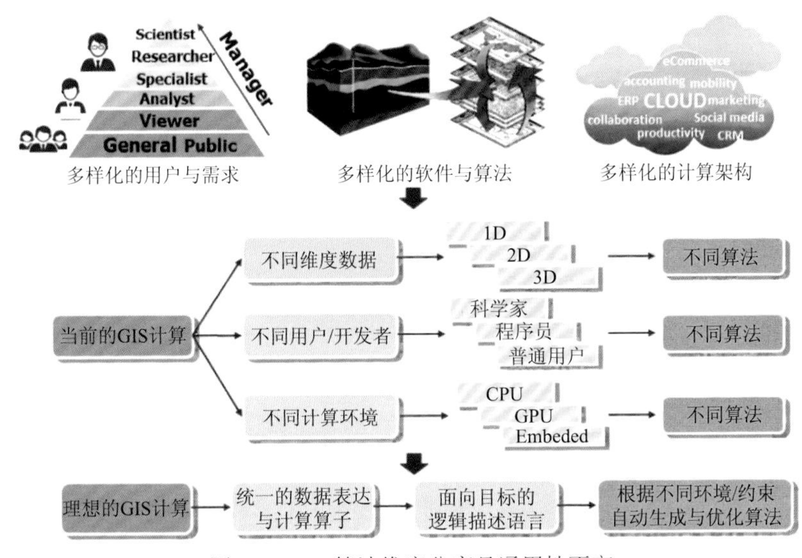

图 1.2 GIS 算法维度分离且通用性不高

1.1.3 GIS 算法并行计算能力的提升

并行计算是有效提升大规模 GIS 空间分析效率，实现对海量数据和复杂场景分析的重要途径。传统基于几何视角的现实地理世界数据模型构建方法，本质上是基于离散化点、线、面、体、像素、体元等的表达与描述思路。GIS 的“点-线-面”数据结构及其关系代数存储模型已基本解决了空间位置、几何形态和属性特征的一体化组织与管理问题。但由于空间对象的多样性和空间关系的复杂性的快速增加，并且以计算几何和欧氏几何为基础的 GIS 空间计算十分依赖其坐标系统，其表达和运算缺少参数化和自适应特征，所以基于以上的空间分析算法需要对不同维度对象的分析分别加以考虑，且其运算与对象类型、对象坐标以及运算流程均高度相关，使得基于其上的分布式并行算法往往存在结构复杂、算法实现不易和性能调优困难等问题，难以实现对并行计算的全面支撑，更难实现在复杂动态环境下实时、动态调整并行策略，进行并行计算代码的自动生成。以上问题同样由于不同地理数据模型底层数学理论基础的不一致，从而难以实现有限且完备的分析算子定义，导致难以构建相对统一的算法框架。因此寻找具有对象自适应性和流程无关性，并具有明确的几何语义，易于实现结构化解析与动态绑定的新型空间 GIS 并行化计算方法是解决现有 GIS 运算效率问题的新途径。

1.2 GIS 计算模型及研究进展

目前 GIS 计算模型并没有一个统一的定义，现有研究更多侧重于 GIS 数据模型和表达模型的构建，计算则隐含于数据模型设计过程中，或者通过 GIS 软件系统架构间接表达，上述过程更多的是关注计算机实现细节，对计算方法、计算模式的理论总结较为匮乏。本书将 GIS 计算模型定义为解决 GIS 分析问题的通用模式和计算方法，计算模型一般建立在统一的 GIS 数据表达基础上，具有可扩展性，并以模板的方式实现 GIS 计算。

1.2.1 GIS 运算空间构建研究

GIS 运算空间包含基本对象表达和对象运算两方面。受现实地理世界变化的复杂性和综合性的制约，地理信息的表达模式多样、表达方法不统一，极大地影响了 GIS 分析和应用的效率，亟须发展地理数据的统一表达方法。地理信息领域长期关注地理要素在语义、位置、几何、属性、空间关系等方面的抽象与表达，从二维/三维表达方法逐渐发展到时空数据模型的构建(Molenaar，1990；Egenhofer and Franzosa，1991；Nicolas and Renato，1991；李德仁和李清泉，1997；陈军和郭薇，1998；龚建雅，1997；李清泉和李德仁，1998；吴立新等，2007；Goodchild et al.，2007；周成虎，2015）。这些数据表达方法及其相应的组织存储方法，在 GIS 运算空间构建中扮演了基础地理数据组织和交换的作用（康栋贺等，2017；Wang et al.，2020）。早在 20 世纪，就有部分学者致力于统一的地理时空数据表达方法的构建，如 Tomlin（1988）提出了地图代数方法，期望以代数式的方式来组织管理地图数据（主要为栅格数据），虽然此后针对矢量数据做出了一系列的改进（Câmara，2005；Li and Hodgson，2004），但由于其底层数学基础仍然是场模型，限制了其进一步的推广应用；也有学者提出了矢栅一体化模型（Winter and Frank，2000）、面向对象的模型（Cova and Goodchild，2002）、地理本体模型（Galton，2003）及地理原子模型（Goodchild，2011）以实现矢量、栅格数据的一体化表达，此外也有面向地理学"大数据"进行各种地理信息的融合表达研究（吴志峰等，2015；Pei et al.，2020），然而，由于缺乏数学基础层面的统一，这些模型主要用于实现地理数据的形式化描述；随着面向对象技术的成熟，有学者提出利用类和泛型实现相关专题数据的统一组织与分析（Manola and Dayal，1986），但该类方法往往需要根据应用领域精心设计基类及其派生过程，在通用性和普适性上仍有待发展。

在对空间中对象运算的支撑方面，现有空间对象表达研究的核心主要是解决海量时空数据的压缩存储、快速提取、可视化表达与远程调度等问题。例如，为应对全球海量数据存储而提出的四叉树结构（Samet，1984；Fekete，1990；Ottoson and Hauska，2002）和多层次空间数据模型等（Goodchild，2008），而瓦片编码技术在全球多尺度空间数据存储（陈静等，2011），特别是多尺度数据调度与数据服务方面也发挥着重要作用。近年来，一批学者认识到现有数据的组织与管理方式不利于进行球面空间的表达，也难以支撑地理模式的计算，因此球面离散格网拓分的方法成为海量数据管理的研究热点，例如球面六边形格网系统（贲进等，2010），基于复平面的正二十面体格网编码方案（Zheng，2007），兼容三角形、四边形、六边形格网的复合菱形离散格网系统（Lin et al.，2018）等。但以上结构只是通过数据结构的设计实现对空间计算的间接支持，未能构建一套统一的求解方案，不利于 GIS 计算模型的构建。

1.2.2 空间对象的计算模式研究

近年来，面向多维、海量、动态数据的空间计算研究日渐增多（Tao et al.，2007），空间计算成为 GIS 分析的核心内容（Mouratidis and Mamoulis，2010；Gao et al.，2010）。研究内容覆盖空间关系描述方法、空间关系认知、时空推理、空间知识表达和处理等方面。基于空间计算的检索、形式化表达及推理研究也日渐成为空间分析的核心内容。其中空间关系的计算是空间计算的基础，也是矢量空间计算的核心内容之一。早期的空间计算研究多针对单一空间关系类型开展，包含不同维度空间、不同数据类型间的空间关系计算、空间关系计算不确定性问题及实时动态计算等方面(李青元，1997；赵仁亮，2002；张锦明，2003；周秋生等，2005；谢顺平等，2010)。综合考虑距离、拓扑和方向这三种基本空间关系建立集成化的模型日渐成为现有空间关系分析的主流趋势(邓敏等，2009，2010；何建华等，2008；陈娟等，2010；刘新等，2010；沈敬伟等，2011)。此外包括地理语义的空间关系查询和推理(杜冲等，2010；邓敏等，2011)，针对大尺度空间关系计算的研究(陈军等，2007；侯妙乐等，2012)也逐渐兴起。随着空间关系计算的复杂性不断提高，一些学者转向思考空间关系计算中的不确定性研究(杜晓初和黄茂军，2007)，并发展出空间对象间的模糊拓扑关系模型(Liu and Shi，2006；Shi and Liu，2004)。

随着 GIS 空间分析能力的不断提升，所积累的算法量也不断增加，但纷繁的算法降低了 GIS 系统的易用性。虽然早在 20 世纪已经有大量的关于 GIS 空间分析功能的分类研究(Berry，1987；Dangermond，1983；Maguire and Dangermond，1991；Rhind and Green，1988)，国内外主流的数据库和 GIS 软件如 ArcGIS、Oracle Spatial Database、SQL Server 及 PostGIS 等均提供了各自的功能划分方法，但由于分析流程的不统一，这些划分都远没有达到其实用价值。此后一些研究致力于构建 GIS 空间的统一表达与计算模式，以 Map Algebra(Tomlin，1988)、geo-algebra(Takeyama and Couclelis，1997)和 image algebras(Ritter and Wilson，2001)为代表的模型均是将地理空间离散化，从而未能真实反映地理实体，而 Proximal Space(Couclelis，1997)、Geo-Relational Algebra(Güting，1989)和 ROSE Algebra(Güting and Schneider，1995)等则是将地理空间进一步抽象成统一的概念空间，其抽象过程及抽象层次的确定都是此类方法的难点(Van Oosterom et al.，2002)。

近年来，空间计算的模式化与算子化的趋势日渐明显(宋关福等，2021)，国内外主流的数据库和 GIS 软件如 ArcGIS、Oracle Spatial Database、SQL Server 及 PostGIS 等均提供了一系列空间关系和空间分析算子，OGC(Open Geospatial Consortium)对基本的几何算子、空间关系算子和空间分析算子进行了分类与归纳。国内外学者也提出了一系列计算方法，如并行 GIS 运算中矢量-拓扑构建的软件框架(Mineter，2003)、简单对象模型中空间消融算子的改进(Martinez-Llario et al.，2009)、空间关系的不确定性计算(胡圣武等，2004；杜晓初和黄茂军，2007)、空间关系的快速验证(汪文英等，2010)和空间关系语义量度及计算(马林兵和曹小曙，2006)等。由于单纯的拓扑关系难以保障空间关系描述的唯一性与空间关系推理的准确性，部分学者引入模糊数学、本体论等方法进行研究，如基于模糊拓扑的空间对象间拓扑关系研究(Liu and Shi，2006；Shi and Liu，2007)、基于本体的空间数据多重表达模型(郑茂辉等，2006)、基于本体的空间数据集成方法(吴孟泉等，2012)等。上述方法均是从 GIS 数据的分离特性以及分析功能的抽象性的角度被提出来的，通用性不强，也没有明确的数据基础。Goodchild(2011)指出 GIS 空间分析缺少一个定义良好的理论主体是导致其分析框架混乱的根本原因。因而构建 GIS 基本对象的代数表达及算子化求解，并定义完备的对象属性与对象关系求解策略，从代数视角构建 GIS 运算空间是解决以上问题的可能途径。

1.2.3 空间计算的优化与并行化研究

空间计算的优化与并行化是面向海量数据的 GIS 空间计算所必须解决的关键问题。其研究主要包括：①开发高性能并行算法，实现矢量和栅格数据的并行处理，最终形成可部署于并行计算环境中的并行 GIS 软件包(Richard，1993；Mineter，2003；雷永林等，2005；吴亮等，2010)；②利用并行计算环境提供的强大计算能力实现并行空间分析算法，以提高空间分析算法的运算效率(Stan and Abrahart，2000；喻占武等，2008；肖汉和张祖勋，2010；赵元等，2010；翟晓芳等，2011；宋效东等，2012)；③设计高效率的并行空间数据库(赵春宇等，2006)和并行索引(赵园春等，2007；王永杰等，2007；周艳等，2007)，提高空间数据的访问效率；④在空间数据的可视化领域，学者就多边形绘制和体绘制的并行可视化算法也进行了大量研究(李朝奎等，2012；李志锋等，2012)。上述研究主要涉及了 GIS 的基本算法、空间数据库等，其研究重点主要集中在影像数据的并行处理、GIS 矢量数据并行处理、海量数据的并行可视化等方面。在应用系统方面，英国 DTI/SERC 项目(Richard et al.，1998)的 Richard Healey 和 Steve Dowers 领导的研究小组系统地讨论了空间数据的并行处理机制并设计了相关算法，开发了基于多指令流多数据(MIMD)体系结构并行计算机的原型系统和空间数据并行处理函数库，用于处理矢量空间数据和影像数据。

在软硬件系统资源上，由于不同尺度的地理场景对空间数据资源的访问量和资源调度需求存在较大差距，弹性计算是大数据背景下的发展趋势，是实现对计算资源的弹性调度分配，并合理利用计算资源的重要手段。朱剑(2013)研究了基于虚拟云计算架构的 GIS 服务资源弹性调度。Camp 和 Thierry(2010)、赵毅等(2007)探讨了高性能计算在先进计算中的重要地位以及在计算应用中的发展前景和作用。Yang 等(2017)综述了云计算在处理数字地球和相关科学领域的大数据问题中的优势和挑战。Wang 等(2012)、周国军和吴庆军(2016)基于 MapReduce 计算模型对大数据挖掘分析算法进行了研究。Rashid 等(2017)基于 MapReduce 的框架，实现在 Hadoop 平台上对大规模无线传感网数据进行行为模式挖掘。Karim 等(2012)基于 Hadoop 平台对数据挖掘的算法进行了研究。早在 20 世纪，量子计算机在分解数字和利用量子力学的并行性搜索数据库方面就被证明可以胜过任何经典计算机(Ekert and Jozsa，1996；Grover，1997)。Ventura 和 Martinez(1998)研究了量子神经计算的学习问题。Li 和 Xu(2009)研究了量子神经网络在语音增强技术中的应用，提出了一种基于 QBPNN 的语音增强方法。朱大奇和于盛林(2002)将多级传递函数的量子神经网络引入多传感器信息融合中，提出了一种基于量子神经网络的多传感器信息融合集成电路故障诊断算法。

1.2.4 GIS 计算的模板编程方法

随着 GIS 应用领域的不断扩展，新的 GIS 应用模式不断涌现，但与之相对应的软硬件系统的研发还停留在早期的定制化重复开发阶段，亟须在 GIS 开发中引入元编程和模板编程技术。元编程(metaprogramming)是一种编程技术，其中计算机程序具有将其他程序视为其数据的能力，即元编程是一种使用代码生成代码的方式(Candanedo，2022)。模板元编程(template metaprogramming)是实现元编程的代表性方法，它是一种通过编译器使用模板生成临时源代码的元编程技术，目前已在多种程序语言中得到应用，除 C++外，还有 Curl(Hostetter et al.，2017)、D(Andrei，2010)等。Fontijne(2006)基于模板元编程对几何代数计算库 Gaigen 进行了研究。Nehmeier(2012)研究了模板编程和模板元编程在算法实现方式上的区别。

但现有 GIS 空间计算仍多立足于欧氏几何框架，难以避免由于欧氏几何运算的坐标相关性、多维不统一性等特性所导致的计算结构复杂、语义不清晰和动态计算困难等问题。同时，基于欧氏几何的空间计算更侧重对几何形态的描述和表达，而对度量、拓扑、关系、语义等特征信息的表达与计算集成不足，使得它很难定义完备的空间计算算子，以实现对空间计算的统一表达与运算；而由之带来的数据模型、数据结构、数据存储与管理方式以及空间索引机制等方面的复杂性，又导致了空间计算拓展困难。从数学基础上进行创新，引入具有多维统一特征的代数工具，构建具有动态性和自适应特性的多维统一空间计算模型是突破现有空间计算结构复杂、动态性差，改进和完善空间计算方法的可能途径。

1.3 基于几何代数的 GIS 计算模型

几何代数作为连接代数和几何、数学和物理、抽象空间和实体空间的统一描述性语言，在物理学、计算机工程、人工智能等领域得到广泛应用。几何代数通过对基和度量特征的定义可以实现对不同代数系统的表达，从而实现坐标系统的统一。通过增加原点参考向量构建齐次坐标系统，可与计算几何中常用的射影空间直接对应，而引入辅助的 null 向量来标定零点和无穷远点构建共形空间则进一步实现了满足 Grassmann 结构的对象表达和闵氏度量空间的构建，使得表达结构进一步兼容了圆环、球面对象，运算结构可对旋转、平移、缩放等正交变换统一处理，从而为 GIS 空间中对象的表达与计算提供原生的数学基础与数据结构。

1.3.1 几何代数及几何代数计算

几何代数的灵感来自于 Hermann Grassmann 的外代数(Grassmann，1862)，William K. Clifford 将其与 Hamilton 的四元数代数系统相结合得到 Clifford 代数(Clifford，1878)，他也将其称为几何代数(Clifford，1882)。David Hestenes 将其引入物理学(Hestenes，1968a，1968b)，几何代数得到进一步的发展。此后，David Hestenes、Hongbo Li 和 Alyn Rockwood 发展了共形几何代数(Hestenes，2001；Li et al.，2001；Li，2008)，促使几何代数在计算机图形学、机器人学、计算机视觉等领域得到广泛应用(Lasenby et al.，1996，1998；Perwass，2000；Perwass and Lasenby，2001，1998；Cameron and Lasenby，2005；Wareham et al.，2005)。

在几何代数计算方面，荷兰阿姆斯特丹大学的 Dorst 等构建了三维计算机视觉及其相关运算的基础理论(Dorst，2001；Dorst and Mann，2002；Dorst and Fontijne，2003；Mann et al.，2001；Mann and Dorst，2002)，并与 Zaharia 合作，设计了基于几何代数的三维多边形格网结构(Zaharia and Dorst，2003)。Fontijne 则构建了基于几何代数的三维光线追踪算法(Fontijne and Dorst，2003)。墨西哥的 Bayro-Corrochano 等主要将几何代数运用于机器人学和计算机视觉，实现了三维场景定位和场景对象重构等(Bayro-Corrochano，2001)，同时构建了几何神经计算方法并在模式识别中得到运用(Bayro-Corrochano and Banarer，2001；Bayro-Corrochano et al.，2005)。德国基尔大学的 Sommer 等构建了基于几何代数的机器人姿态估计方法(Rosenhahn，2003；Rosenhahn and Sommer，2005)和自由对象的旋量表示法(Sommer et al.，2006)。Perwass 等利用几何代数构建了几何学中的不确定几何形体研究(Perwass and Forster，2006)、不确定数据动力学研究(Perwassa and Lasenby，1998)和反转相机模型研究等(Perwass and Sommer，2006)。Buchholz 等研究了基于几何代数的神经网络计算(Buchholz et al.，2007，2008)。日本国际基督教大学的 Eckhard Hitzer 教授构建了基于几何代数的晶体对称结构、Clifford 积分变换和神经网络计算等(Hitzer，2011)。德国莱比锡大学的 Scheuermann 教授团队设计了基于几何代数的傅里叶变换方法(Ebling，2005；Pham et al.，2008；Reich and Scheuermann，2010)。以上研究一方面证明了几何代数可在复杂空间关系、动态多约束计算、高维分析等领域发挥重要作用，同时也为基于几何代数数据模型的研究提供了充实的理论和方法积累。

1.3.2 基于几何代数的空间计算

在几何代数中，子空间是基本的运算对象，维度计算是基本的运算算子，GIS空间对象可直接表达为几何代数子空间，不同维度的子空间又可以通过维度算子相互转换，从而实现空间对象无关、维度无关的几何代数运算。在计算机图形学、机器人、模式识别等领域，几何代数都得到了广泛应用，如 Lasenby 等(1998)、Etzel 和 McCarthy(1999)分别探讨了基于几何代数的三维对象的位移和运动的建模；Rivera-Rovelo 等(2008)研究了基于几何代数的复杂运动表达与校正方法，并将其应用于自动医学领域。几何代数在小波和傅里叶分析等多分辨率方法与神经网络等非线性方法的应用也处于快速发展的进程中，其中包括向量场数据的模式分析及结构匹配方法(Ebling and Scheuermann，2006；李延芳和顾耀林，2007)和多维傅里叶分析等(Brackx et al.，2005；Hitzer and Mawardi，2008；Hitzer and Sangwine，2013)。Wietzke 等(2008)基于几何代数构建了单位球面上的广义 Hilbert 变换，并将其用于二维图像的局部特征提取及分类研究；曹文明和冯浩(2010)将几何代数用于仿生模式识别与信号处理，均取得了较好的效果。

几何代数运算同时包含了矢量与标量运算，其运算规则也与常规的代数运算存在一定的差异，因此，诸多学者均对几何代数计算库与算法库进行了相关研究(Eid，2018)。例如，基于 Matlab 可以直接进行基本几何代数计算的软件系统 GABLE(Mann et al.，2001)和多重向量函数包(Sangwine and Hitzer，2016)、基于 Maple 的几何代数计算软件包 CLIFFORD(Ablamowicz and Fauser，2005，2014)、基于 Python 的软件包 GAlgebra(Bromborsky，2022)、基于 Lua 的软件包 GALua(Parkin，2022)、面向 Maxima 的软件包(Prodanov and Toth，2017)和基于 Mathematica 的软件包 GrassmannAlgebra(Browne，2012)等。上述研究均是在现有软件系统基础上，以软件包的形式，扩展其在几何代数方面的运算能力，基于软件本身的功能，可较为容易地实现几何代数符号计算、数值计算和可视化；但也具有一定的局限性，例如会引入额外的学习成本，以软件包方式集成的几何代数方法也存在运行效率低等问题。

几何代数涉及高维运算，直接基于现有代数系统的运算效率相对较低，因此也发展出了基于 C++模板库的 Gaalet(Seybold and Uwe，2010)、Versor(Colapinto，2011)和 GluCat(Leopardi，2022)等。Fontijne 等(2001)则利用几何代数的矩阵化表达，创建了基于几何代数的预编译程序生成软件 Gaigen，通过定义高级的几何代数开发语言实现对几何代数运算的预生成与预编译，较大幅度地提升了运算效率，并随后推出了 Gaigen 2 和 Gaigen 2.5，使基于几何代数的几何运算效率首次超过了线性代数。Perwass(2003)以 Gaigen 为基础构建了可用于几何代数计算及可视化表达的 CLUCalc，并提供了诸如图像处理、张量分析等多种分析功能。Dorst 等(2009)以 Gaigen 为基础构建了 GA Sandbox，在实现基本几何代数计算的基础上，构建了基于 OpenGL 的几何代数对象可视化方法，并提供了大量的学习案例。

考虑到几何代数算法的代数化计算特征，通过代码优化和并行化的方法提高几何代数算法执行效率的研究也得到学者的关注，如基于 CUDA 的几何代数并行计算优化等(Wörsdörfer et al.，2009；Schwinn et al.，2010)。由于几何代数运算的独立性，不少学者利用 GPU、FPGA 等硬件对几何代数运算进行并行化和硬件化(Perwass，2003；Gentile et al.，2005)。近年来，计算模板和预编译计算等被广泛应用至几何代数并行计算中，产生了诸如几何代数并行代码自动生成系统 Gaalop 等一系列几何代数并行优化工具，大幅降低了几何代数并行化的复杂度，实现了几何代数数学表达向并行计算的程序代码的直接转换(Hildenbrand，2013b)。

1.3.3 基于几何代数的 GIS

地理研究对象具有大时空跨度及多尺度特性，涉及不同维度、不同类型的对象和不同的坐标系统。构建以多维融合、多重信息集成为特征的全流程贯通的 GIS 分析系统，已成为 GIS 行业应用和公众服务的迫切需求。一方面，现有的模型在高维表达上对现有 GIS 数据缺乏有效的应对策略，无法达到数据表达与数据运算上的统一；另一方面，GIS 空间计算算法的高度定制化也导致现有 GIS 分析方法应用领域的局限性，阻碍多元数据融合的进程。出现以上问题的根本原因是底层数学基础的薄弱和统一的表达方法与运算方法的缺失。

几何代数实现了不同代数系统的有效统一与集成，从而降低了不同坐标系统下几何对象的表达与转换的时空复杂度。在几何代数中，欧氏空间对应笛卡儿坐标的三维真实地理空间，而齐次空间和共形空间则可以有效地表达射影空间和球面空间。空间表达能力的扩展使得空间数据的组织、存储与运算能够同时兼容平面和球面坐标系统。几何代数对几何、定位、语义、属性和演化过程的统一表达为地理模型的综合集成建模奠定了基础。多重向量结构对不同维度的统一组织与表达，为相关空间数据的组织、存储与运算提供了原生的数学与数据结构。引入几何代数的多维表达结构及统一运算结构，建立不同维度地理对象和地理现象的统一表达和计算框架，构建相应的 GIS 分析算法并进行新型 GIS 平台建设是提升现有 GIS 表达能力、分析效率以及应用水平的可能途径。

罗文、袁林旺和俞肇元等(2011，2013)将几何代数引入地理信息一体化建模与分析研究，在 GIS 时空数据集成建模与统一数据结构、地理过程动态分析、异构平台高性能计算和地理信息场景耦合分析等方面进行了系统性探索，实现了统一时空框架下不同类型地理数据的代数化集成表达与分析。基于几何代数的对象表达内蕴包含了几何特征，可实现不依赖坐标的几何关系计算，从而为几何对象的自适应表达、动态更新与关系计算提供有力支撑。其几何对象表达及运算的内蕴特征、参数化特征和可计算特征，使得实现对空间关系语义明确的自适应动态计算成为可能；而其在几何对象表达结构上的一致性，运算的自适应性与自包含特性，保证了运算的多维统一性和独立性，从而可从底层直接支撑并行计算。

基于几何代数的时空 GIS 实现了地理信息的集成表达，支撑了地理对象和地理过程的建模与分析，简化了算法构建过程，为以几何与代数、连续与离散、表达与计算融合的分析型 GIS 构建提供了方法基础，为多维统一地理计算、建模和模拟提供了技术方法支撑。但现有基于几何代数的 GIS 在存储和计算效率上仍不够高效，现有 GIS 数据必须要转入几何代数空间中才能进行几何代数分析和处理。因此，本书在前期基于几何代数的 GIS 理论、方法与应用的探索研究基础上，开展基于几何代数的 GIS 计算模型研究；构建多维统一的、对象自适应的及包含明确语义的空间计算形式化表达与计算框架；从定量化、算子化及表达-运算一体化的角度探讨面向 GIS 计算的几何代数空间构建方法，实现直接面向地理对象的空间要素表达和可直接应用于地理对象的计算算子构建；研究 GIS 计算空间中对象表达方法和计算模板构建方法，实现模板化、脚本化算法设计，形成相应的 GIS 计算引擎和插件式嵌入机制，以期实现 GIS 计算模型在表达结构和运算结构上对多维度、多坐标系统和多类型空间数据的支持，在算法结构的设计上直接面向计算求解，并提供 GIS 算法的代数化求解策略。

第 2 章　几何代数与几何代数计算空间

几何代数是以维度运算为基础，原生支撑多维运算的数学工具。其所具备的空间的自定义性、表达方式的统一性以及维度的可运算性等特性为 GIS 空间中基本对象的表达和运算提供了理论和实践基础。内积、外积与几何积是支撑几何代数空间中几何体表达和算法构建的核心运算。内积、外积作为基本运算，可用于子空间的生成及基本关系的判断，几何积及其可倒性则是 GIS 问题形式化求解的关键，基于几何代数的基本运算结构可构建 GIS 空间中对象运算算子库以及运算规则，实现多维统一 GIS 运算空间的构建。

2.1　几何代数与几何代数空间

几何代数(也称为 Clifford 代数)是一种结合代数，它融合了复数、四元数和外代数等数学系统，并将其向更高维度推广，实现类复数和类四元数等复合维度对象的生成。几何代数的基本元素 blade 是线性代数空间中向量的高维推广，其基本运算为融合内积和外积的几何积。几何代数利用外积构建几何形体的方式实现了对象 Grassmann 结构与对象维度的一致性，而以复合维度对象为基础的 versor 积结构的统一旋量表达则可为欧氏空间中的平移、旋转、缩放等正交变换提供统一的解决方案。

2.1.1　几何代数积运算与 blade 表达

几何代数是一种以代数的方式处理几何问题的数学工具。相对于传统的线性代数，它具有更强的表达与计算能力，使得代数运算可以直接基于对象表达，更具有直观性和简明性，且几何代数所具有的坐标无关性和维度无关性为多维几何对象的统一表达与运算提供基础，并可用于复杂空间关系的运算(Yuan et al.，2011，2012，2013)。

几何代数通过引入几何积将内积与外积统一表达，实现了标量运算与矢量运算、维度运算和几何运算的统一。几何积是几何代数中的基本积运算，是几何代数空间对象及算子的构建基础，其定义如下。

定义 2.1　对于给定两向量(vector) a 和 b，几何积可表达为两向量内积和外积之和：

$$ab = a \cdot b + a \wedge b \tag{2.1}$$

式中，$a \cdot b$ 为 a 和 b 的内积，该运算与向量代数中点积类似，为两向量的模同其夹角余弦值的乘积，其结果为一个标量，即 $a \cdot b = \|a\|\|b\|\cos\theta$；$a \wedge b$ 为外积，与向量代数中叉积类似，其模为两向量的模同其夹角正弦值的乘积，但其几何意义与叉积不同，一方面外积不局限于三维空间，另一方面外积被定义为空间构建算子，两向量的外积的几何意义表示由这两个向量张成的空间 i(图 2.1)，即 $a \wedge b = \left(\|a\|\|b\|\sin\theta\right)i$。

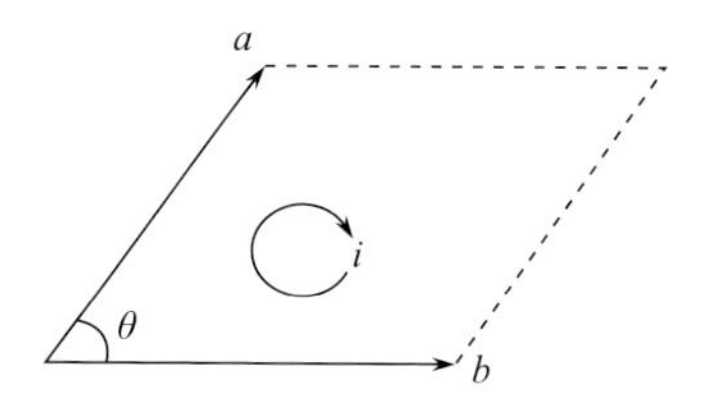

图 2.1　外积运算扩张维度

从内积和外积的定义可知，内积运算和外积运算可分别实现维度缩减和维度扩张计算，因此几何代数积运算也被称为以维度运算为基础的运算。而且，由于几何积同时包含了内积与外积运算，实现了矢量与标量运算的统一，其结果也表现为一个标量(scalar)和一个二重矢量(bivector)之和，从而实现了类似复数与四元数的混合维度运算，使几何代数具有类似复数和四元数的计算能力，且几何代数积运算结果的维度自适应于计算对象自身的构成与表达形式，实现了多维运算的坐标无关。

定义 2.1 中，为了体现几何代数积运算与线性代数积运算的关联性，参与运算的对象被限定为向量(vector)。实际上，在给定的 n 维几何代数空间中，可表达任意 k 维对象，其中 $k \leqslant n$，这些对象也被称为 blade，是几何代数中最基本的表达和运算对象，据其维度 k，可将其写成 k-blade，在几何代数空间中 blade 主要通过外积来生成，其定义如下。

定义 2.2　给定 n 维几何代数空间，$a_1, a_2, \cdots, a_k$ 为 k 个线性不相关的向量，且有 $b = a_1 \wedge a_2 \wedge \cdots \wedge a_k$，则称 b 为 k-blade。

从以上定义可知，标量和向量分别为 0-blade 和 1-blade。几何代数中对象可向任意维度扩展，更能凸显几何代数积运算的维度运算特性。对于 n 维几何代数空间，给定任意 k-blade a 和 l-blade b，若二者线性无关，则有：外积 $a \wedge b$ 的维度为 $k+l$，内积 $a \cdot b$ 的维度为 $k-l$，$k \geqslant l$ 且当 $k = l$ 时，结果为一标量。由于内积和外积运算满足加法的分配律和结合律(Dorst and Mann，2002)，可以将内积和外积运算扩展到 blade 的线性组合，从而得到：

$$\sum_{i=1}^{m}\alpha_i a_i \bullet \sum_{j=1}^{n}\beta_j b_j = \sum_{i=1}^{m}\sum_{j=1}^{n}\alpha_i\beta_j(a_i \bullet b_j) \tag{2.2}$$

式中，α_i、β_j 为标量；a_i、b_j 为 blade。上式对于外积运算也成立。对于任意 i，当所有 a_i 的维度相等时，可称 $\sum_{i=1}^{m}\alpha_i a_i$ 为 k -vector，其与 k -blade 的区别是能否写成 k 个 vector 外积的形式。当 a_i 中各元素维度不完全相等时，$\sum_{i=1}^{m}\alpha_i a_i$ 为混合维度对象，称为多重向量(multivector)，多重向量可定义如下。

定义 2.3 给定 n 维几何代数空间，$a_i, a_j, \cdots, a_k$ 分别是维度为 $i, j, \cdots, k$ 的 blade，则称 $A = \alpha_i a_i + \alpha_j a_j + \cdots + \alpha_k a_k$ 为 k 维多重向量，其中 $\alpha_i, \alpha_j, \cdots, \alpha_k$ 为 blade 的系数。

在上述多重向量定义中，当 $i = j = \cdots = k$ 时，多重向量退化成 k -vector 或 k -blade，说明向量和 blade 是多重向量的特例，多重向量可以表达几何代数空间中简单几何对象的组合，可用于地理空间中复杂对象的统一表达。此外，多重向量也是组成算子的重要运算结构，旋转、平移、缩放等变换算子都基于多重向量构建。

2.1.2 几何积可倒性与几何问题形式化求解

几何代数实现几何问题的代数化求解，并在几何推导、机器证明等领域得到应用的重要前提条件是，几何积是可倒的，从而可构建类似代数系统中四则运算的完备的几何代数积运算体系。这使得几何对象和几何问题在可以被统一表达的同时，也可通过代数化的方式进行符号计算和求解。

由于 blade 具有模和方向双重属性，内积和外积并不具有可倒性，二者虽然可用来进行子空间构建，但并不能直接用于几何计算。如图 2.2 所示，给定向量 a，当 $x \bullet a$ 已知时，只能确定一个平面，而当 $x \wedge a$ 已知时，只能确定一条直线，即内积和外积的倒数 $a / x \bullet a$ 和 $a / x \wedge a$ 不唯一。而对于几何积，由于 $xa = x \wedge a + x \bullet a$，同时确定了 $x \bullet a$ 平面和 $x \wedge a$ 直线，则 xa 表示直线与平面的交点，其倒数值是唯一的，即几何积是可倒的。

几何积的可倒性是形如 $b = xa$ 的几何代数方程有解的前提条件。一方面，几何积的结果为维度混合的多重向量对象，由于 blade 可认为是多重向量中的特例，内积、外积和几何积的结果都是多重向量，说明几何代数空间中的运算是封闭的；另一方面，多重向量的加、减、几何积、几何逆构成了几何代数空间中的基本四则运算，为几何问题的代数化表达和求解提供了支撑。

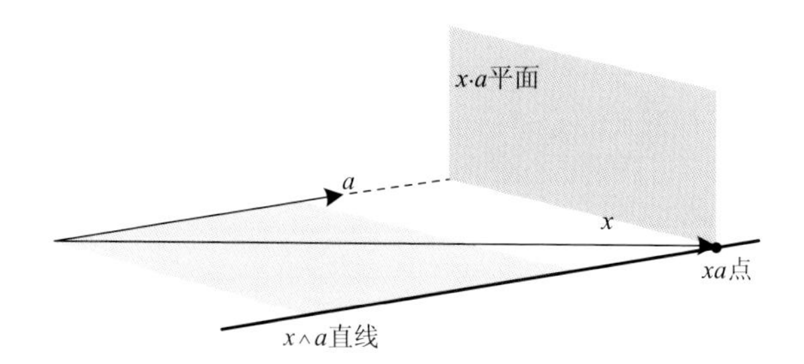

图 2.2　几何积的可倒性示意图

几何代数空间中的几何问题的求解一般分为以下三个步骤：①空间中几何元素的表达；②几何问题形式化表达；③几何代数方程求解。下面以三维空间中平面与直线间的交为例对几何问题的形式化求解加以说明。

假设V和L分别为三维空间中的平面和直线，待求交点P。

(1) 上述问题在线性代数空间中的解决方法是，首先定义平面V的方程表达为$ax+by+cz=d$，直线L的表达为$l(\alpha)=p+\alpha(q-p)$，则二者的交可通过下式求解：

$$al(\alpha)_x+bl(\alpha)_y+cl(\alpha)_z=d \tag{2.3}$$

代入直线表达得

$$a(p_x+\alpha(q_x-p_x))+b(p_y+\alpha(q_y-p_y))+c(p_z+\alpha(q_z-p_z))=d \tag{2.4}$$

则可求得

$$\alpha=\frac{d-ap_z-bp_y-cp_z}{a(q_z-p_z)+b(q_y-p_y)+c(q_x-p_x)} \tag{2.5}$$

式中，$a(q_z-p_z)+b(q_y-p_y)+c(q_x-p_x)\neq 0$，求得交点方程为$P=l(\alpha)$。在线性代数空间中，由于在不同的情况下平面的表达不唯一，导致上式的求解有 5 个可能的形式，几何代数对几何对象的表达统一了几何问题解的形式。

(2) 在共形几何代数空间中，只需要通过 meet 算子即可得到平面和直线求解的通式的表达：

$$P=V\cap L=V^{*}\cdot L \tag{2.6}$$

式中，$\cap$为求交算子；$*$为对偶算子。上式可以直接适用于不同的相交情况，如当V和L平行时，其交的结果即为 0。

上述内积、外积与几何积的定义都是基于 blade 和多重向量的，并未将其赋予特定的度量空间，这也进一步说明了几何代数的通用性与自适应性。下面将从几何代数空间定义的两个步骤——基向量定义和度量特征定义这两个方面论述几何代数空间表达的自适应性。

2.1.3 几何代数空间的可定义性

几何代数空间中的基向量与线性代数空间中的基向量的定义过程类似，都是给定 n 个线性无关的单位向量，但在几何代数空间中往往需要添加额外的维度来提高 blade 的表达能力。例如，对于三维空间可直接通过定义一组基 $\{e_1, e_2, e_3\}$ 来构建欧氏空间 $\mathbb{R}^3$，也可通过引入额外的维度 e_0 构建齐次空间 $\mathbb{A}^3$，相比欧氏空间，齐次空间实现了直线、平面等 flat 对象的表达，且基于齐次空间的维度关系有 $\mathbb{A}^3 \subset \mathbb{R}^{3+1}$；同理，通过引入额外的维度 e_0 和 e_∞ 构建共形空间 $\mathbb{C}^3$，相比齐次空间，共形空间实现了圆、球等 round 对象的表达，且有 $\mathbb{C}^3 \subset \mathbb{R}^{3+1,1}$。$\mathbb{R}^{3+1,1}$ 中逗号左边的系数表示正空间，逗号右边的系数表示负空间，$\mathbb{R}^{3+1,1}$ 中逗号两边各加 1 是因为共形几何代数空间是通过添加正空间 e_+ 和负空间 e_- 来扩展维度，而后通过一系列的变换将其转换成 e_0 和 e_∞ 的维度表达模式(Perwass，2009)。

上述正负空间的区别已经表明几何代数空间中的各组基向量是不完全对等的，各子空间具有不同的运算特征。该特征可以通过定义空间中基的度量矩阵(metric matrix)实现。由于在几何代数中，外积主要用于空间构建，内积用于度量，度量矩阵一般用基向量间的内积的矩阵表示：

$$M = \begin{pmatrix} m_{11} & \cdots & m_{1n} \\ \vdots & & \vdots \\ m_{n1} & \cdots & m_{nn} \end{pmatrix} \tag{2.7}$$

式中，$M_{ij} = e_i \bullet e_j$，在三维欧氏空间中由于基向量间相互正交，可求得度量矩阵为

$$M = \begin{pmatrix} e_1 e_1 & e_1 e_2 & e_1 e_3 \\ e_2 e_1 & e_2 e_2 & e_2 e_3 \\ e_3 e_1 & e_3 e_2 & e_3 e_3 \end{pmatrix} = \begin{pmatrix} 1 & 0 & 0 \\ 0 & 1 & 0 \\ 0 & 0 & 1 \end{pmatrix} \tag{2.8}$$

根据共形空间的定义可知，其基向量 e_0 和 e_∞ 为 null 向量($e_0 \bullet e_0 = e_0^2 = 0$)，且有 $e_0 \bullet e_\infty = -1$，则 d 维共形空间 metric 矩阵的定义为

$$
\begin{array}{c@{}c@{}c}
& \begin{array}{cccccc} e_0 & e_1 & e_2 & \cdots & e_d & e_\infty \end{array} & \\
M = & \left(\begin{array}{cccccc}
0 & 0 & 0 & \cdots & 0 & -1 \\
0 & 1 & 0 & \cdots & 0 & 0 \\
0 & 0 & 1 & \cdots & 0 & 0 \\
\vdots & \vdots & \vdots & & \vdots & \vdots \\
0 & 0 & 0 & \cdots & 1 & 0 \\
-1 & 0 & 0 & \cdots & 0 & 0
\end{array}\right) & \begin{array}{c} e_0 \\ e_1 \\ e_2 \\ \vdots \\ e_d \\ e_\infty \end{array}
\end{array}
\tag{2.9}
$$

空间度量的不同主要反映在其运算规则和运算的几何意义上，如欧氏空间和共形空间内积的含义就不尽相同(表 2.1)。故可根据具体的应用需求定义特定的几何代数空间，从而以最小的代价获得最大的几何代数表达与运算能力。

表 2.1　欧氏空间与共形空间内积的几何意义对比

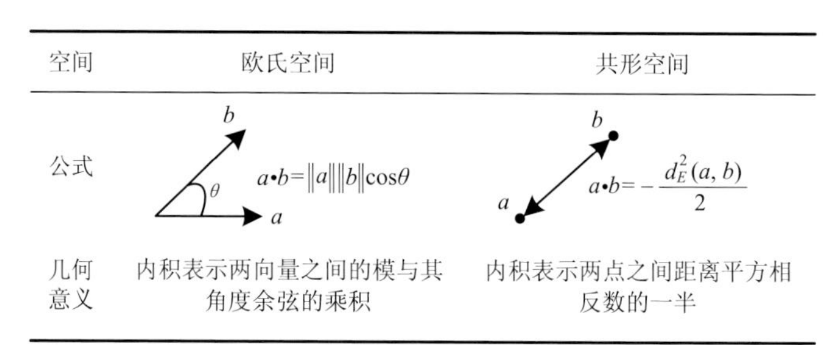

空间	欧氏空间	共形空间
公式	$a \cdot b = \|a\|\|b\|\cos\theta$	$a \cdot b = -\dfrac{d_E^2(a, b)}{2}$
几何意义	内积表示两向量之间的模与其角度余弦的乘积	内积表示两点之间距离平方相反数的一半

2.1.4　几何代数特征子空间构建及其内涵

几何代数通过在其空间定义中添加额外的维度来提高表达能力，并为这些附加的维度设置特定的度量特征，从而构建出具有显著几何意义的特征子空间，这些特征子空间不仅作为基本空间对象存在，也可能是空间变换算子，对象属性表征，或者是运算的中间变量。基于此类特征子空间可构成几何对象表达、运算与分析的各个组成部分，从而为构建支撑 GIS 空间的形式化表达与运算的几何代数框架提供可能。

在几何代数空间中，子空间是基本的运算对象，它贯穿于几何代数运算的全过程，也为 GIS 运算空间提供了基本的对象表达、对象变换和对象求解元素(Dorst and Mann，2002)。而随着所定义的几何代数空间维度的增加，其表达与运算能力也逐步增强，表 2.2～表 2.4 分别列举了几何代数空间中的三维欧氏模型($\mathbb{R}^3$)、三维齐次模型($\mathbb{A}^3$)和三维共形模型中的主要特征子空间及其几何内涵(Dorst et al.，2009)。

表 2.2　三维欧氏模型的特征子空间

特征子空间	子空间构成	说明
标量	1.0	描述对象的权重和模
向量	e_1, e_2, e_3	描述方向
二重向量	$e_1 \wedge e_2, e_2 \wedge e_3, e_3 \wedge e_1$	描述二维向量，可由两个向量外积求得
三重向量	$e_1 \wedge e_2 \wedge e_3$	描述三维向量，可由三个向量外积求得
旋转子	$1.0, e_1 \wedge e_2, e_2 \wedge e_3, e_3 \wedge e_1$	描述任意对象旋转的算子

表 2.3　三维齐次模型的特征子空间

特征子空间	子空间构成	说明
标量	1.0	描述对象的权重和模
向量	e_1, e_2, e_3	描述方向
点	e_1, e_2, e_3, e_0	描述点，与方向的区别是含 e_0 项
标准化点	$e_1, e_2, e_3, e_0 = 1$	e_0 项为零的点，可直接投影回欧氏空间
线	$e_1 \wedge e_2, e_2 \wedge e_3, e_3 \wedge e_1,$ $e_1 \wedge e_0, e_2 \wedge e_0, e_3 \wedge e_0$	描述直线，由两个点的外积构造而成
射线	$e_1 \wedge e_2, e_2 \wedge e_3, e_3 \wedge e_1$	描述射线，由一个点与向量外积构造而成
二重向量	$e_1 \wedge e_2, e_2 \wedge e_3, e_3 \wedge e_1$	也称为 bivector，二维的 blade
平面	$e_1 \wedge e_2 \wedge e_3, e_1 \wedge e_2 \wedge e_0,$ $e_2 \wedge e_3 \wedge e_0, e_3 \wedge e_1 \wedge e_0$	描述平面，由三点的外积构造而成
射平面	$e_1 \wedge e_2 \wedge e_3$	描述带方向平面，由点与向量外积构造而成

表 2.4　三维共形模型的特征子空间

特征子空间	子空间构成	说明
标量	1.0	描述对象的权重和模
点	$e_0, e_1, e_2, e_3, e_\infty$	描述点，其中 e_0 项必须存在
标准化点	$e_0 = 1, e_1, e_2, e_3, e_\infty$	描述可直接投影到欧氏空间的标准化点
flat point	$e_{1\infty}, e_{2\infty}, e_{3\infty}, e_{0\infty}$	由点外积 e_∞ 求得，存在于 meet 结果中
标准化 flat point	$e_{1\infty}, e_{2\infty}, e_{3\infty}, e_{0\infty} = 1$	$e_{0\infty}$ 项为 1 的 flat point
点对	$e_{01}, e_{02}, e_{03}, e_{12}, e_{13}, e_{31}, e_{1\infty}, e_{2\infty}, e_{3\infty}$	描述点对(线段)，可由两点外积生成
线	$e_{12\infty}, e_{13\infty}, e_{23\infty}, e_{10\infty}, e_{20\infty}, e_{30\infty}$	描述线，可由两点及 $e_{0\infty}$ 的外积生成
对偶线	$e_{12}, e_{13}, e_{23}, e_{1\infty}, e_{2\infty}, e_{3\infty}$	线的对偶表达，含方向项及同原点距离
平面	$e_{123\infty}, e_{120\infty}, e_{130\infty}, e_{230\infty}$	描述平面，由三点及 $e_{0\infty}$ 的外积生成
对偶平面	$e_0, e_1, e_2, e_3, e_\infty$	面的对偶表达，含法线项及同原点距离
圆	$e_{03\infty}, e_{01\infty}, e_{02\infty}, e_{023}, e_{013}, e_{012}, e_{123}$	描述圆，由三点的外积生成
球	$e_{123\infty}, e_{120\infty}, e_{130\infty}, e_{230\infty}, e_{1230}$	描述球，由四点的外积生成
标准球	$e_{123\infty} = 1, e_{120\infty}, e_{130\infty}, e_{230\infty}, e_{1230}$	$e_{123\infty}$ 项为 1 的球

续表

特征子空间	子空间构成	说明
对偶球	$e_0, e_1, e_2, e_3, e_\infty$	球的对偶表达，含圆心项及半径项
自由向量	$e_{1\infty}, e_{2\infty}, e_{3\infty}$	向量与 e_∞ 外积，表达线方向
自由二重向量	$e_{12\infty}, e_{23\infty}, e_{31\infty}$	二重向量与 e_∞ 外积，表达面方向
自由三重向量	$e_{123\infty}$	三重向量与 e_∞ 外积，表达超平面方向
切向量	$e_{01}, e_{02}, e_{03}, e_{12}, e_{23}, e_{31}, e_{1\infty}, e_{2\infty}, e_{3\infty}, e_{0\infty}$	向量与 e_0, e_∞ 外积，表达切线方向
切二重向量	$e_{123}, e_{23\infty}, e_{31\infty}, e_{12\infty}, e_{03\infty}, e_{01\infty}, e_{02\infty}, e_{023}, e_{013}, e_{012}$	二重向量与 e_0, e_∞ 外积，用于表达切平面方向
平移子	Scalar, $e_{1\infty}, e_{2\infty}, e_{3\infty}$	表达对象平移的算子
标准平移子	Scalar = 1, $e_{1\infty}, e_{2\infty}, e_{3\infty}$	标量项恒为 1 的平移子
旋转子	Scalar, e_{12}, e_{23}, e_{31}	表达对象旋转的算子
缩放子	Scalar, $e_{0\infty}$	表达对象缩放的算子
偶 versor	Scalar, $e_{01}, e_{02}, e_{03}, e_{12}, e_{23}, e_{31}, e_{1\infty}, e_{2\infty}, e_{3\infty}, e_{0\infty}, e_{123\infty}, e_{120\infty}, e_{130\infty}, e_{230\infty}$	versor 为可反的多重向量，表达对象正交变换，偶 versor 可写为指数形式
TRversor	Scalar, $e_{12}, e_{13}, e_{23}, e_{1\infty}, e_{2\infty}, e_{3\infty}, e_{123\infty}$	表达平移和旋转的算子
对数形式 TRversor	$e_{12}, e_{23}, e_{31}, e_{1\infty}, e_{2\infty}, e_{3\infty}$	平移和旋转算子的对数形式，用于运动插值
TRSversor	Scalar, $e_{12}, e_{13}, e_{23}, e_{1\infty}, e_{2\infty}, e_{3\infty}, e_{0\infty}, e_{120\infty}, e_{130\infty}, e_{230\infty}, e_{123\infty}$	表达平移、旋转和缩放的算子
对数形式 TRSversor	$e_{12}, e_{13}, e_{23}, e_{1\infty}, e_{2\infty}, e_{3\infty}, e_{0\infty}$	平移、旋转和缩放算子的对数形式，用于运动插值

对比可发现，三维欧氏空间只能表达标量、向量等运算对象，也只可实现对象的旋转。通过在 $\mathbb{R}^3$ 空间中引入 e_0 向量可实现点、线、平面等几何对象的表达。$\mathbb{A}^3$ 空间可理解为通过加入 e_0 向量，从而为空间的表达提供参照，使得具体几何对象能够唯一确定，而向量和点则可通过是否含有 e_0 项来区分，因为向量是没有明确的位置的。在对象变换中齐次空间已经可以实现旋转和平移的统一表达，这也得益于参考向量 e_0 的引入。共形空间则引入了额外的 e_0 和 e_∞ 维度，一方面无穷远点的引入使得圆环和直线、球面和平面的统一表达成为可能，另一方面两个额外维度的引入使得该空间具有闵氏内积结构，从而统一了作为共形变换子集的欧氏变换，使其成为目前使用最为普遍的几何代数系统（López-Franco et al.，2012；Lasenby，2004；Valkenburg and Dorst，2011）。

2.2　几何代数空间中对象表达与多维融合

几何代数以维度运算作为基本运算，具有较强的表达能力，其空间的可定义性也为其提供了较大的扩展空间，为具体地理问题的解决提供可能。几何代数为复杂结构的地理空间表达提供了 blade 和多重向量两种结构，由于 blade 可以表达任意维度的基本几何体，从而实现了多维度对象的统一组织，而多重向量维度混合的特性也为复合对象的表达和构建提供了基础；且二者对于几何代数中的运算具有统一性，有利于设计统一高效的地理空间分析算法。

2.2.1 基于几何代数的基本形体表达

传统欧氏几何对几何对象的表达主要有两种方式，一种是基于形的表达，在给定几何语义的基础上，列出所有构造要素，实现形体的表达。如图 2.3(a)所示，通过给定坐标对来表示点，通过给定坐标序列来表示线和平面等，该方式在强调形体表达的矢量图形软件中被广泛采用，传统 GIS 数据模型也基本沿用了这一思路。第二种是基于特征解析的表达，即利用对象几何特征构造解析方程，例如直线、平面的参数方程表达等，该方式也是解析几何进行对象表达的基本思路，其特点是可直接支持几何对象的计算，但参数化的表达不直观，几何意义不明确；且以坐标为基础的表达，也使得欧氏几何框架下的点、线、面等的表达与坐标高度关联，导致如二维空间中的直线表达和三维空间中的直线表达不一致等问题。几何代数框架下几何对象的表达基于特征向量和 blade，且不同维度对象的表达可通过外积进行生成式构造[图 2.3(b)]，兼具形的表达和解析表达的特征。几何代数中的运算都是基于 blade 本身，与其所在的坐标参考无关，因此具有坐标无关性。

几何类型	点	直线	平面
欧氏几何框架下形体表达	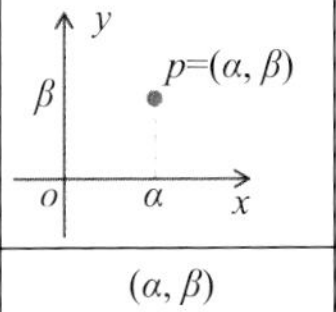 y; $p=(\alpha,\beta)$; β; o; α; x	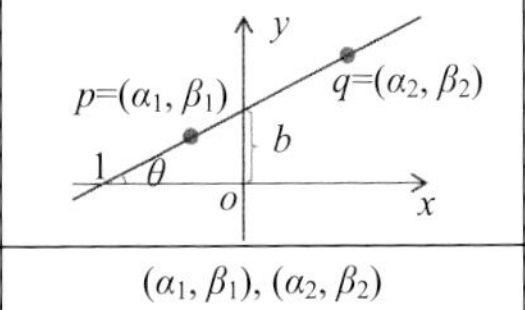 y; $p=(\alpha_1,\beta_1)$; $q=(\alpha_2,\beta_2)$; b; 1; θ; o; x	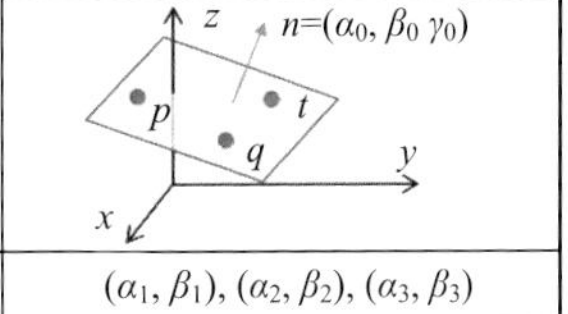 z; $n=(\alpha_0,\beta_0\ \gamma_0)$; p; t; q; y; x
基于形的表达	(α,β)	$(\alpha_1,\beta_1),(\alpha_2,\beta_2)$	$(\alpha_1,\beta_1),(\alpha_2,\beta_2),(\alpha_3,\beta_3)$
参数化表达	$x=\alpha$ 且 $y=\beta$	$y=-\tan\theta x+b$	$\alpha_0(x-\alpha_1)+\beta_0(y-\beta_1)+\gamma_0(z-\gamma_1)$

(a) 欧氏几何框架下点、线、面表达

几何类型	点	直线	平面
几何代数框架下形体表达	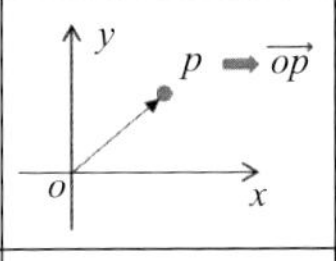 y; $p\Rightarrow\overrightarrow{op}$; o; x	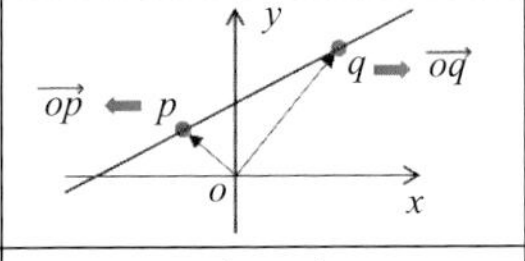 y; $\overrightarrow{op}\Leftarrow p$; $q\Rightarrow\overrightarrow{oq}$; o; x	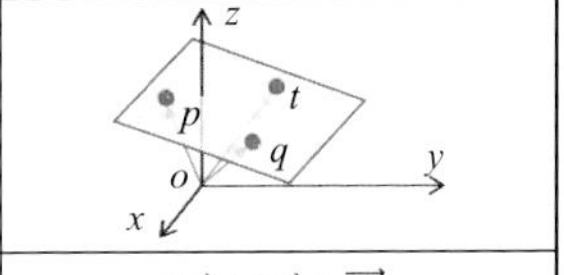 z; p; t; q; o; y; x
几何代数表达	$\overrightarrow{op}$	$\overrightarrow{op}\wedge\overrightarrow{oq}$	$\overrightarrow{op}\wedge\overrightarrow{oq}\wedge\overrightarrow{ot}$

(b) 几何代数框架下点、线、面表达

图 2.3 欧氏几何框架和几何代数框架下几何对象表达

共形几何代数(CGA)是几何代数的一个重要分支，通过引入 e_0 和 e_∞ 两个额外的维度来表达更清晰的几何意义。在共形几何代数中，外积在几何体构造中继承了空间结构(即 Grassmann 结构)。几何体可以通过外积方程以分层次代数结构的方式表达出来，同时内积运算又包含了欧氏距离计算。因此，多维几何对象以及几何变化与度量可以在共形几何代数框架下进行统一表达(Dorst and Lasenby，2011；Yuan et al.，2013)。图 2.4 为共形几何代数空间中基本形体的表达。

几何对象	点P	点对Pp	过A,B的直线L	过A,B,C的圆Cl
几何图形	P	A　B	 A　B	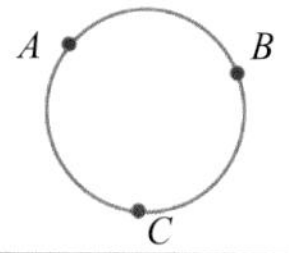 A　B　C
几何代数表达	$P=e_0+p+1/2p^2e_\infty$	$Pp=A\wedge B$	$L=A\wedge B\wedge e_\infty$	$Cl=A\wedge B\wedge C$
几何对象	过三点的平面Pl	过四点的球面S	复杂几何形体	
几何图形	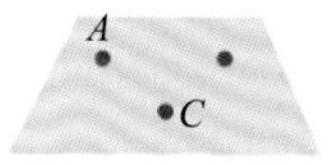 A　C	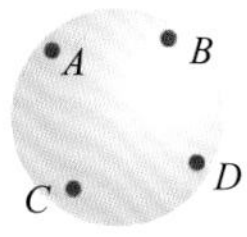 A　B　C　D	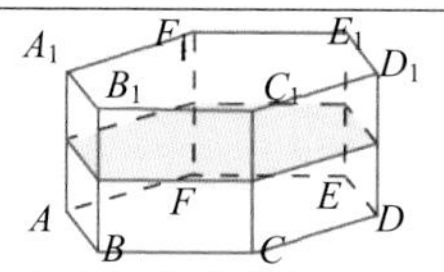 A_1 E_1 E_1 D_1 B_1 C_1 A F E D B C	
几何代数表达	$Pl=A\wedge B\wedge C\wedge e_\infty$	$S=A\wedge B\wedge C\wedge D$	$MV=V_i\oplus\cdots\oplus S_j\oplus\cdots\oplus L_k\oplus\cdots\oplus P_m$	

图 2.4　共形几何代数空间中基本形体的表达

2.2.2　基于几何代数的运动表达

在几何代数空间中可利用变换算子来表达对象的平移、旋转和反射。在现代 GIS 应用中，形如人、交通工具等可运动对象的表达越来越受到重视。在几何代数空间，对于给定对象状态(位置) A，其经过变换后的新状态 B 可通过运算 $B=fAf^{-1}$ 求得，该运算也被称为 versor 积(Dorst et al.，2009)，其中 f 为变换算子，其一般表达为

$$\pi=n+\delta e_\infty \tag{2.10}$$

式(2.10)的几何意义为一对偶平面，其中 n 为该平面的法向量，δ 代表该平面相对原点的截距。欧氏空间中的所有正交变换均可通过 versor 积求得。

Versor 积的另一重要特性是，通过将其变换为指数形式，可以很方便地对其进行任意粒度的均等划分，从而实现任意粒度插值。基于欧拉公式，变换算子 f 可以变形为 $R=f=\mathrm{e}^{-\pi/2}$ 的形式。将其求自然对数可得

$$R^{1/N} = \exp(\ln(R) / N) \tag{2.11}$$

进而原 versor 积运算可变形为如下形式：

$$RxR^{-1} = (R^{1/N}(R^{1/N} \cdots (R^{1/N} x R^{1/N^{-1}}) \cdots R^{1/N^{-1}}) R^{1/N^{-1}}) \tag{2.12}$$

因而运算 $R^{1/N} x R^{1/N^{-1}}$ 可被认为是原变换的 N 分之一的插值结果。

图 2.5 为基于几何代数的运动表达与基于 versor 运算的运动插值。

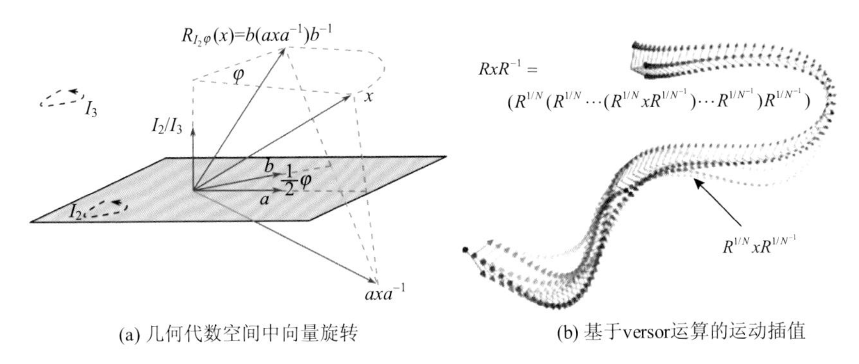

(a) 几何代数空间中向量旋转　　(b) 基于versor运算的运动插值

图 2.5　基于几何代数的运动表达与基于 versor 运算的运动插值

2.2.3　基于几何代数的语义表达

语义通常用于描述对象概念、分类与原理等地理专题特征，具有不可直接计算性(定性)与可推理性。由于几何代数空间具有可定制性，可通过构建相应的空间基向量和运算准则来进行特定语义关系的表达。表 2.5 为几何代数空间和地理语义空间的对应规则，可知地理语义空间的要素个数决定了对应几何代数空间的维度，语义空间的推理规则可通过几何代数 metric 矩阵唯一确定。为得到最终所求的地理语义，需要基于对具体地理现象的认知，构建从几何代数子空间向地理语义映射的语义表。

表 2.5　几何代数空间和地理语义空间

语义表达三要素	几何代数空间	地理语义空间
基本元素	构成几何代数空间的基向量	进行语义推理的要素
算子构造	基向量间的运算规则	要素间的运算规则：组合、分解、投影等
推理规则	几何代数子空间到语义的映射	经要素运算后得到的地理语义

地理语义表达的前提是地理空间表达的完备性，利用几何代数空间的可定义性，分别定义地理空间表达的几何空间和属性空间，实现几何信息及属性信息的

表达。地理语义则被抽象为一种可动态配置与生成的约束结构，该结构为地理对象在几何空间和属性空间的特定方向的投影算子。通过在地理分析过程中应用该算子，可实现带语义的地理分析，并可利用地理语义约束的筛选功能，优化算法结构，减少运算量，从而将几何运算转换成地理特征的计算，而利用语义算子直接进行投影计算，则可得到特定的地理语义信息。

基于上述地理语义表达理论，以传感器网络为例进行了语义运算空间构建(图2.6)。传感器网络中基本元素为传感器节点，利用几何代数基向量对节点编码，而后基于节点间的连通关系构建几何代数空间运算规则，导入传感器数据可求得具体的几何代数子空间。对于人运动行为的识别应用，需要将求得的子空间转化为具体的行为动作，基于行为认知，可构建如图 2.6(b)所示的语义映射表，将图2.6(a)中求得的子空间代入映射表中即可求得当前行为特征(Xiao et al.，2019)。

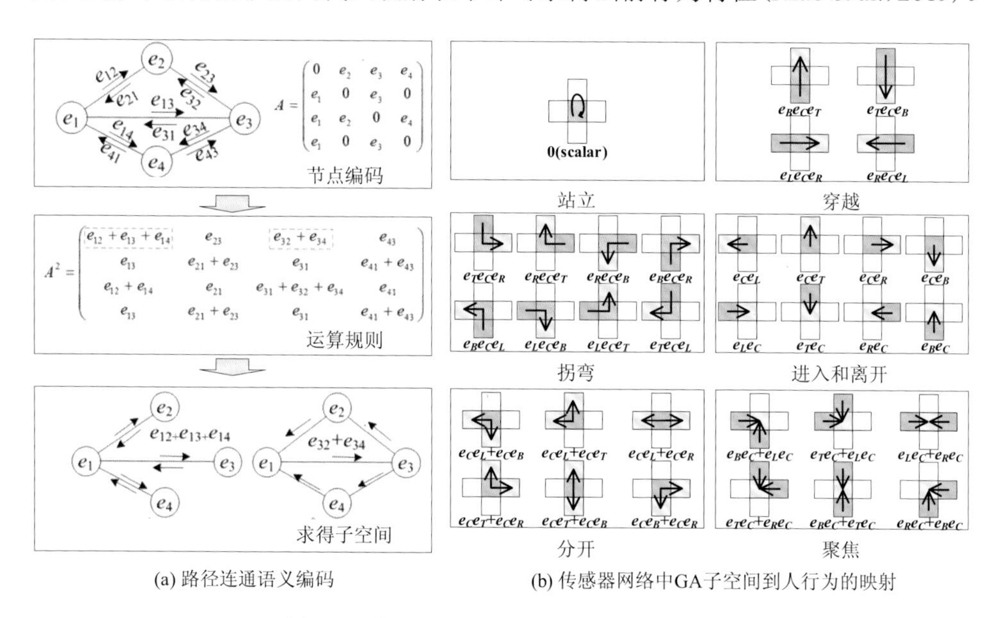

图2.6　基于几何代数的语义运算空间构建

2.2.4　基于多重向量的多维融合表达

基于 blade 的表达多为理想的几何结构，其单一维度表达的特性极大地限制了几何代数表达与运算能力。因此，引入具有混合维度特征的多重向量显得至关重要，它可用于构建 GIS 空间中复杂的几何对象，也可实现带空间或属性约束的对象表达。此外，由于多重向量可由几何积运算生成，它也具有较强的运算能力，可用于复杂几何问题的求解。

基于几何代数特征子空间构造理论可知，多重向量主要通过“+”连接构成复杂对象表达的子空间，从而实现包含多特征要素及复杂关系的对象表达。下面以地理断层构造为例，介绍多重向量表达中各特征的内蕴方法。

1. 空间定位与几何结构

地理对象的空间定位信息通过将欧氏空间中的点投影到所定义的几何代数空间来实现。其几何结构可表达成多重向量的结构，该结构按对象的构造过程，具有一定的层次性，上层元素可通过下层元素的外积构成，下层元素又构成了上层元素的边界，每层元素都为 blade 对象，并仅存储 GA 表达式，只有在最底层的点层存储坐标值，使其具有动态自适应性与坐标无关性。物理对象空间定位信息与几何结构的嵌入如图 2.7 所示。

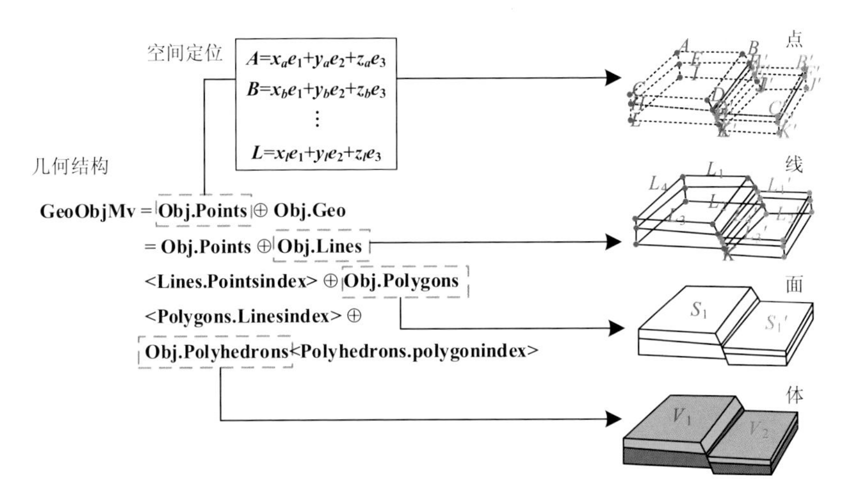

图 2.7 物理对象的空间定位与几何结构表达

2. 空间关系

基于几何代数表达的对象空间关系可利用形式化的几何代数算子来刻画，主要运用了几何代数运算的统一性及坐标无关等特性，根据约束类型选定特定的几何代数算子，并组成与特定关系求解和关系约束相一致的复合算子。该算子为形式化表达，不依赖于对象的状态，可以动态跟踪对象的空间关系约束，并对空间关系结果进行求解。物理对象空间关系的嵌入与更新如图 2.8 所示。

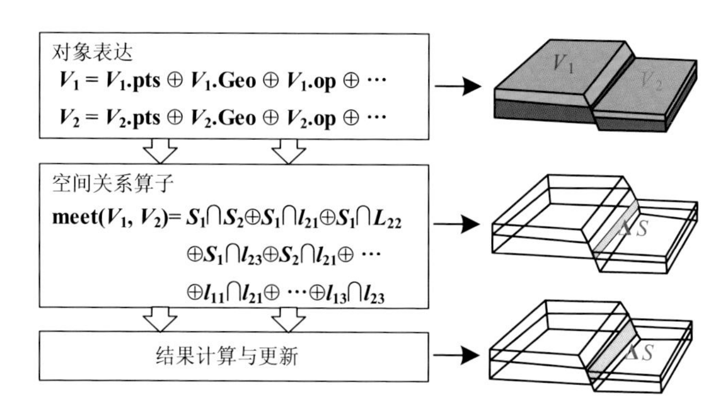

图 2.8　物理对象空间关系的嵌入与更新

3. 物理属性与语义特征

物理属性的嵌入首先需要定义几何代数属性空间，它具有与几何空间不同的度量特征，首先需要对属性进行编码，再根据属性特征定义与之相适应的度量矩阵，并构建相应的算子集，实现属性子空间的运算。语义特征是基于对象几何特征和语义特征推导出来的具有特定地理意义的信息。图 2.9 列举了几何代数物理属性空间的嵌入与语义特征的推导过程。

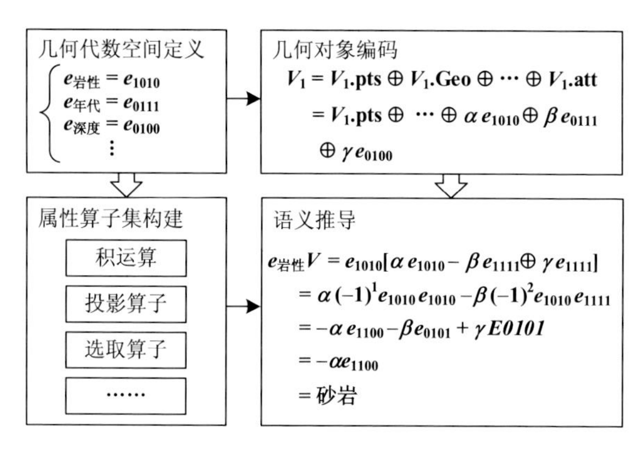

图 2.9　物理属性空间嵌入与语义特征推导

多重向量通过“+”连接不同维度的对象，在分析与计算过程中，需要提取特定对象进行运算，此时可利用取维度的 grade() 算子从多维融合表达中提取特定对象。多重向量是几何代数中有效连接不同维度对象及其几何关系的基本数学结构，对其特性进行拓展后，可实现对复杂地理对象与空间关系的一体化、形式化表达。基于多重向量的表达结构使得几何对象及其关系表达在满足多维统一性的同时，又具有较好的维度独立性。表达的形式化、参数化与维度的自适应性特征保障了算法的简洁性与通用性，且在共形空间中，其 Grassmann 结构与维度结构具有一致性，进而可实现直接支撑几何代数计算的几何对象自适应形式化表达。

2.3　计算空间中算子集与计算规则

2.3.1　特征内蕴的计算结构

几何代数空间本身内蕴了几何特征，其中距离和角度作为基本的空间度量在空间构建的过程中就加以考虑，而作为基本几何对象表达的 blade 则具有姿态、方向、模等几何属性。上述特征都为基于几何代数的 GIS 空间的几何特征的表达与求解提供了灵活而又统一的解决方案。在不同的应用条件下，地理空间中存在欧氏距离、曼哈顿距离、网络距离等不同的度量指标，其中欧氏距离是使用最为普遍，也是最为基础的空间度量指标。

几何代数空间构建完成以后，其得以应用的重要步骤是从欧氏空间到几何代数空间的映射过程。这个映射过程可以通过 GIS 中普遍采用的地图投影来理解，但地图投影是将高维空间投影到低维空间，而几何代数空间的映射是指将低维的欧氏空间嵌入高维的几何代数空间，在不丢失原有坐标信息的同时，添加额外的特征维度。在地图投影中，由于维度的降低必然导致空间信息的丢失，产生了保留角度信息的等角投影和保留面积信息的等积投影，同样在几何代数空间的投影中也会对空间特征信息的表达有所取舍，但数据本身的精度并没有损失。

内积和外积是几何代数空间中的基本运算，在特征空间的构建过程中主要考虑二者的几何意义。一方面充分应用基于外积 blade 的表达能力，另一方面则是提升基于内积的度量指示性。例如，对于共形几何代数，欧氏空间中点 x 至共形空间的投影公式为

$$X = x + \frac{1}{2}x^2 e_\infty + e_0 \tag{2.13}$$

据内积的定义可知，共形空间中 blade　A, B 间的内积结果为

$$\begin{aligned} A \bullet B &= \left(a + \frac{1}{2}a^2 e_\infty + e_0\right) \bullet \left(b + \frac{1}{2}b^2 e_\infty + e_0\right) \\ &= -\frac{1}{2}b^2 + a \bullet b - \frac{1}{2}a^2 \\ &= -\frac{1}{2}(b-a)^2 = -\frac{1}{2}d_E^2(a,b) \end{aligned} \tag{2.14}$$

式中，d_E 指欧氏距离；a、b 分别为 A、B 在欧氏空间中的表达，即共形几何代数空间中的内积运算可直接用于求解对象间的距离。

2.3.2　多维统一算子集构建

利用上述运算结构的设计可实现几何对象的维度统一与运算结构的统一，从而为计算算子的设计提供统一的接口并探索 GIS 问题的代数化求解思路。利用前述计算空间对象及计算空间中特征的内蕴性，构建与之相适应的空间计算算子集，并提出多重向量结构的计算规则。

在基于几何代数的多维统一 GIS 运算空间构建的基础上，构建几何代数空间计算算子集，如表 2.6 所示。其中包括：①进行几何代数空间构造的内积、外积、

表 2.6　空间计算算子集

	运算	公式	描述
基本算子	内积	$\mathrm{IP}(a,b)=a\bullet b$	计算距离、关系、降维等
	外积	$\mathrm{OP}(a,b)=a\wedge b$	构建几何体、升维等
	几何积	$\mathrm{GP}(a,b)=a\bullet b+a\wedge b$	维度与关系复合运算
	几何反	$\mathrm{RV}(A)=A\bullet(-1)^{\frac{1}{2}k(k-1)}$	预处理算子，用于调整运算位序
	几何逆	$\mathrm{IV}(A)=\mathrm{RV}(A)/(\mathrm{RV}(A)A)$	几何积的逆
	求模	$\mathrm{Nor}(A)=\langle A^{\dagger}A\rangle_0^{1/2}$	模运算算子
维度运算	投影	$\mathrm{Prj}(A,B)=(A\bullet B)B^{-1}$	blade A 在 blade B 上的投影
	反射	$\mathrm{Rej}(A,B)=BAB^{-1}$	对象 A 在 B 上的反射
	对偶	$\mathrm{dual}(A)=AI^{-1}$	关系转换与化简算子
几何对象构造	点	$\mathrm{Pt}(a)=e_0+a+\frac{a^2}{2}e_\infty$	点 a 在几何代数空间的投影
	点对	$\mathrm{Ptr}(A,B)=A\wedge B$	由点 A、B 构成的点对
	圆	$\mathrm{Cirl}(A,B,C)=A\wedge B\wedge C$	经过 A、B、C 的圆
	直线	$\mathrm{Line}(A,B)=A\wedge B\wedge e_\infty$	过 A、B 的直线
	球	$\mathrm{Sp}(A,B,C,D)=A\wedge B\wedge C\wedge D$	经过点 A、B、C、D 的球
	平面	$\mathrm{Pl}(A,B,C)=A\wedge B\wedge C\wedge e_\infty$	经过点 A、B、C 的平面
运动表达	缩放	$\mathrm{Scal}_{x_e}=\frac{\rho^2(x_e-c_e)}{(x_e-c_e)^2}+c_e$	基于球或圆的缩放
	平移	$\mathrm{Trans}_t=1+\frac{1}{2}te_\infty=\mathrm{e}^{-\frac{t}{2}e_\infty}$	距离为 t 的平移
	旋转	$\mathrm{Rotor}_{\theta,l}=\cos\left(\frac{\theta}{2}\right)-\sin\left(\frac{\theta}{2}\right)l=\mathrm{e}^{\frac{\theta}{2}l}$	以 l 为旋转轴、θ为旋转角度的旋转
拓扑关系	meet	$\mathrm{meet}(A,B)=A\cap B=B^{*}\bullet A$	A、B 的交
	join	$\mathrm{join}(A,B)=A\cup B=A\wedge(M^{-1}\bullet B)$	A、B 的并，M 是 A、B 的最大公因子
	deta 积	$A\Delta B=A\cup B-A\cap B$	交、并运算的维度判断

几何积等基本算子；②进行对象维度运算的投影、反射与对偶算子；③进行几何构型的对象构造算子；④进行对象变换与运算表达的变换算子；⑤进行对象拓扑关系计算的拓扑算子。

2.3.3 多重向量计算规则

多重向量是 GIS 运算空间中对象几何结构表达、语义属性等多要素嵌入的重要结构。上述算子多是针对 blade 对象求解，为了将上述算子扩展到 GIS 空间对象的求解，需要对基于多重向量结构的算子计算规则加以讨论。

1. 算子的线性可加性

多重向量是对不同维度 blade 的线性组合，所以首先需要分析各算子的线性可加性。对于线性算子，直接将其转换成 blade 的和进行求解，对于非线性算子，需要设定特定的算法进行求解。例如，对于任意维度为 n 和 m 的多重向量 A和B：

$$\begin{cases} A = \sum_{i=1}^{2^n} \gamma^i E_i \\ B = \sum_{j=1}^{2^m} \eta^j E_j \end{cases} \tag{2.15}$$

若算子 Op() 满足线性可加性，则有

$$\mathrm{Op}(A,B) = A \circ B = \sum_{i=1}^{2^n} \sum_{j=1}^{2^m} \gamma^i \eta^j E_i \circ E_j \tag{2.16}$$

其中基于内积、外积和几何积等维度单调变化算子及由其组合而成的复合算子满足上述性质，而基于 meet、join 等维度结构复杂的算子则需要对多重向量分解后再进行求解，如表 2.6 中的拓扑计算算子。另外，基于 versor 积的旋转、平移与缩放等正交变换算子也满足线性可加性：

$$\mathrm{Op}(A) = RAR^{-1} = \sum_{i=1}^{2^n} R\gamma^i E_i R^{-1} \tag{2.17}$$

这表明对于任意以多重向量表达的几何对象，各组分的运动特征一致，即利用 versor 积的变换可实现几何对象整体结构保持性变换。

2. k-vector 的公因式分解

已知 k -vector 是一类特殊的多重向量(也被称为奇次多重向量)，若其可被写

成 k 个向量外积的形式，即可将其转化为 k-blade，从而简化运算。假设有一个 k-vector 对象 A：

$$A = \alpha_1 a_1 + \alpha_2 a_2 + \cdots + \alpha_n a_n \tag{2.18}$$

按 k -vector 定义，$a_1, a_2, \cdots, a_n$ 均为 k 维的 blade，$\alpha_1, \alpha_2, \cdots, \alpha_n$ 为其系数，若式(2.18)可化简成如下 k 个向量外积形式：

$$\begin{aligned} A &= \alpha_1 a_1 + \alpha_2 a_2 + \cdots + \alpha_k a_k \\ &= \beta E_1 \wedge E_2 \wedge \cdots \wedge E_k \end{aligned} \tag{2.19}$$

则实现了 k -vector 到 k -blade 的转换，其中 $E_1, E_2, \cdots, E_k$ 线性不相关，上述化简过程即为 k -vector 的公因式分解。

k -vector 的公因式分解多通过投影实现，如图 2.10 所示。通过给定测试基向量 p_i 并计算目标 blade 对其的投影 $p_i \rfloor B^{-1}$[①]即可计算该分量上的系数，计算待求 blade 相对于 p_i 的正交补余 $(p_i \rfloor B^{-1}) \rfloor B$，然后循环最初的投影步骤直到找出所有的 k 个支撑向量即可。实现上述算法的主要步骤如下。

(1) 输入待求 k-vector B，并求出其标准化后的结果 $B_c = B / \|B\|$；

(2) 选取 B 中维度最大的 blade E，且有 $E = e_{i_1} \wedge e_{i_2} \wedge \ldots \wedge e_{i_k}$，$e_i$ 为空间中的基向量；

(3) 利用分解因子 $f_i = (e_i \rfloor E^{-1}) \rfloor B_c$，依次分解出 E 中的每一个 e_i 的系数 f_i，标准化该系数并输出，同时利用 $B_c = f^{-1} \rfloor B_c$ 更新未分解的部分；

(4) 循环(3)直到未分解的部分为 1；

(5) 输出分解结果 $B = \|B\| (f_1 e_1 \wedge f_2 e_2 \wedge \cdots \wedge f_i e_i)$。

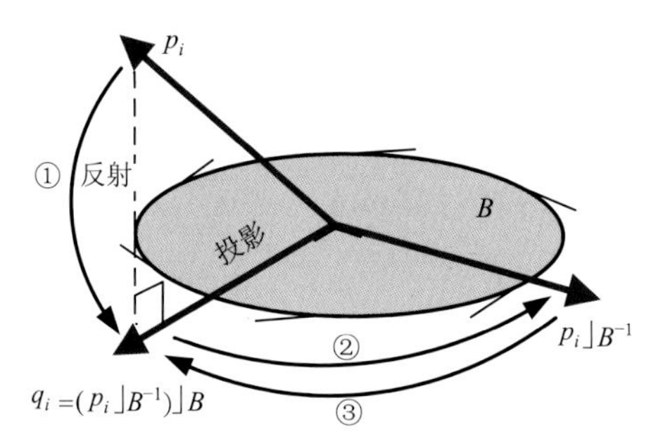

图 2.10　基于投影的 k-vector 的公因式分解

① 式中 $\rfloor$ 为左缩进运算，是带方向的内积运算，且有 $a \rfloor B = a \cdot B$。同样也有右缩进运算 $\lfloor$，且有 $B \lfloor a = a \cdot B$。

利用该分解过程可以极大简化几何代数运算，Fontijne(2010)利用该方法将meet算子的运算效率提高了5～10倍。

3. 多重向量分类

据几何积的定义可知，其结果为多重向量，由于这类多重向量可通过两blade的几何积求得，并具有可倒性，将这类多重向量称为versor。Versor可用来表达对象运动，多重向量统一了对象表达及对象变换，在实际运算中则需要根据多重向量的形式，对其加以类别判断。给定多重向量M，其类别判断过程主要包含以下几个步骤。

(1)测试$M/(M\tilde{M})$是否为多重向量的逆，即是否满足：

$$\begin{cases}\text{grade}(\hat{M}M^{-1})=0\\ \hat{M}M^{-1}=M^{-1}\hat{M}\end{cases} \tag{2.20}$$

(2)测试多重向量的维度保持性，即判断grade$(\hat{M}e_i\tilde{M})$的结果是否为1，其中e_i为构成该几何代数空间的基向量；

(3)多重向量维度判断，如果该多重向量仅有一个维度，则它为blade，是对点、线、面、球等基本几何对象的表达，如果该多重向量有多个维度，则它为versor，是对对象变换的表达。

多重向量对对象及变换的统一表达，可充分发挥几何代数表达的关系内蕴特性，实现表达结构对运算结构的直接支撑。

2.3.4 空间问题形式化求解与优化

利用几何代数计算空间，在对传统算法加以解析的基础上可得到空间问题的几何代数形式化表达，该类表达可直接用于实际空间计算。但考虑到算法效率的优化，通常会从表达式角度，从算法流程上的并行化和管道化对基于几何代数的形式化表达加以优化。

1. 表达式化简

几何代数形式化表达的化简包含两方面的含义：一类是由其代数特性决定的，通过提取公因式、消元、去零等方式简化形式化表达，如下例所示，其化简的最终结果只包含乘法(几何积)运算和加法运算(多重向量)：

$$\begin{aligned}f&=\frac{a^3+3a^2b+3ab^2+b^3}{a^2+2ab+b^2}\\&=a+b\end{aligned} \tag{2.21}$$

另外一类是由几何代数的表达特性决定的，由于几何代数的表达具有内积表达和外积表达两种不同的方式，其在求解过程也有差异，同时计算的顺序对结果的影响也较大，如对于图 2.11 所示的求天际线圆的例子，具有以下两种求解方式，即式(3)和式(4)。

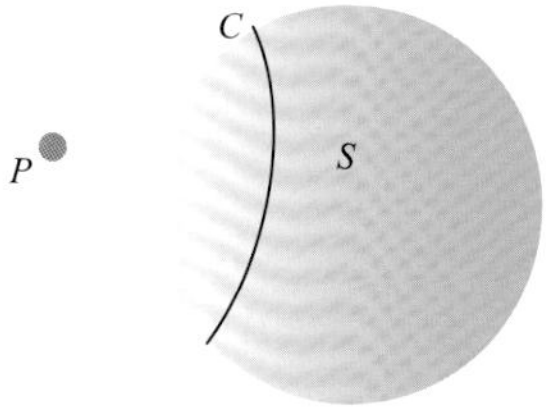

$$P = e_0 + xe_1 + ye_2 + ze_3 - \frac{1}{2}(x^2 + y^2 + z^2)e_\infty \quad (1)$$

$$S = e_0 - \frac{1}{2}r^2 e_\infty \quad (2)$$

$$\begin{cases} C = S \wedge (P + (P \cdot S)e_\infty) & (3) \\ C = S \wedge (S \cdot (P \wedge e_\infty)) & (4) \end{cases}$$

图 2.11　多重向量表达的 GIS 数据投影方法

上述两种方式的求解结果是一样的，但从表达式的形式上看第二个式子明显较第一个式子简洁，运算过程也更高效。

2. 运算流程并行化

运算流程的并行化主要建立在几何代数运算可分解性基础上，多重向量的各部分及 blade 的各维度如果相互独立都可以转换成并行运算。例如，对于式(3)或式(4)天际线圆 C 的计算，将其写成各维度基向量的和，则各部分都可以独立求解(图 2.12)。

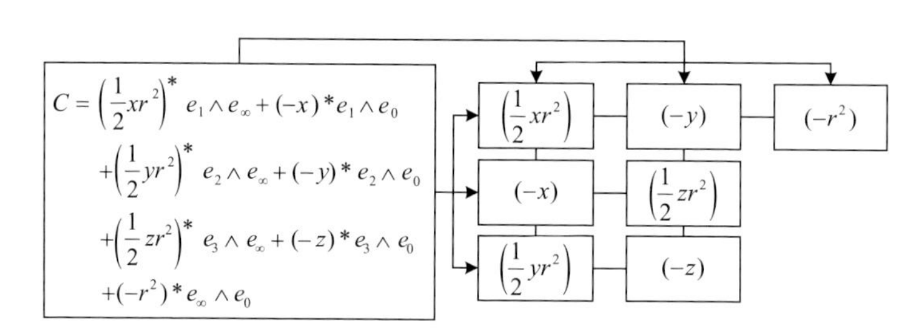

图 2.12　运算流程并行实例

2.4　本 章 小 结

本章主要介绍了几何代数的定义、几何代数的基本运算及基于几何代数的运算空间构建。首先，以子空间为基础构建了面向维度的几何代数基本运算结构，利用几何积的混合维度特征和运算的可倒性，设计了基于几何积的几何问题的形式化求解的概念模式；其次，总结了典型的欧氏、齐次与共形空间的特征子空间及其内涵，构建了基于几何代数的空间多维层次结构和融合几何、语义、关系、属性信息的多要素复合结构；最后，探讨了基于几何代数的多维统一算子集的构建，列出了常用的几何代数算子，并对多重向量的计算规则加以规范。

第3章　基于几何代数的 GIS 计算空间构建

几何代数为几何计算提供了丰富的算子，算子所具有的对象无关特征及可重构性是 GIS 空间算法构建的基础。多重向量作为基本的对象表达结构，同时也是众多几何变换的组成要素，基于多重向量可实现多维 GIS 复杂空间的统一计算，再融合空间结构和语义信息，可进一步实现地理要素融合求解。本章基于几何代数运算的特点，构建 GIS 空间计算的形式化求解模型，从而设计出更为通用的 GIS 空间求解算法，优化 GIS 空间计算框架。

3.1　基于几何代数 GIS 空间构建框架

3.1.1　计算空间构建框架

计算模型的构建需要实现空间中基本对象的表达与空间特征的运算，本书采用代数式的思路解决 GIS 空间计算问题。需要将几何代数空间加以拓展，使其适应于 GIS 空间分析的需求，此处将扩展后的空间称为 GIS 计算空间。该空间具有如下特征：①几何代数对运算空间的有效统一与集成为不同维度对象的自适应计算提供便利；②几何代数算子的运算独立性、多维对象自适应性及参数化特性，则为基于几何代数算子的统一空间分析流程提供原生的算法支撑。因此，基于几何代数相关理论有望在整合地理对象和地理现象的多维表达、分析与建模的基础上，有效提升现有空间计算的通用性，并拓宽适用领域。

本章在对前期基于几何代数的数据模型及相关 GIS 分析算法系统总结与梳理的基础上，基于多重向量构造多重信息集成的地理对象统一表达，探寻适用于地理空间计算的多维地理数据的组织与存储方法，实现表达与运算相统一的 GIS 计算空间构建。构建 GAGIS 的框架结构如图 3.1 所示，它包含几何代数、GIS 运算空间和 GIS 算法三个层次。首先通过基向量定义和度量定义实现 GA 模型的构建，GIS 运算空间则将 GA 模型应用到 GIS 空间实现 GIS 对象的表达与计算，GA 计算空间中的基本元素为多重向量，它包括 *k*-blade、*k*-versor 和 *k*-vector 三种特殊形式，其中 *k*-blade 作为几何代数子空间表达也是最基本的运算元素，*k*-versor 用于表达对象的变换，最终形成多重向量这种融合表达与特征的结构。在 GIS 运算空间中将上述基本元素表达为 MVTree 结构，从而实现 GIS 对象的表达。至于空间计算，应用了 GA 运算空间中的基本运算算子和用于计算对象关系的分析算子，这些运算从几何积中衍生出来，具有统一性。GIS 算法构建的主要流程则包括 GA 模型构建、几何代数空间转换、问题求解及几何代数表达的反向求解和几何解释。

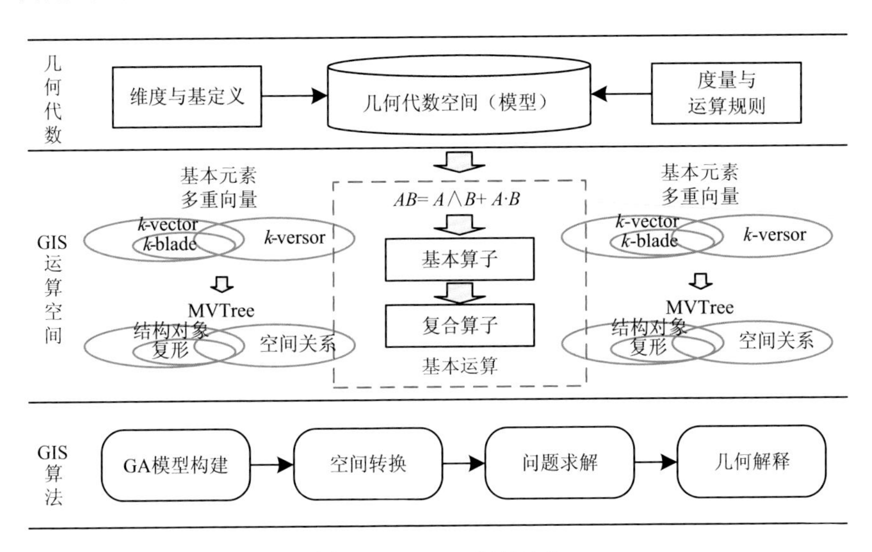

图 3.1　GAGIS 框架结构

3.1.2　GA 空间向 GIS 计算空间的转换

几何代数模型和几何代数空间是基于 GA 的 GIS 建模与分析的基础。在 Yuan 等(2013)提出的基于 GA 的多维统一的计算框架(GA-MUC)中，利用基向量和度量构建 GA 模型，进而定义 *k*-blade、*k*-versor 和 *k*-vector 等基本表达和计算元素，构成了 GIS 表示的基本框架，最后利用多重向量进行 GIS 复杂对象建模，还构建了算子库来解决 GIS 分析问题。基于 GA 的统一性，GA-MUC 已经实现了维度和坐标体系无关的 GIS 空间分析系统，但是 GA-MUC 采用的还是先将 GIS 对象投影到 GA 空间，在 GA 空间进行求解，最后再反射投影回来的思路[图 3.2(a)]。基于该思路的 GIS 算法构建太过抽象和复杂，并且由于计算过程需要频繁地在 GIS 空间和 GA 空间进行转换，对分析、计算效率造成影响，也不利于统一计算架构的构建。

GA-MUC 也被称为基于算子的算法构建策略，其主要空间计算还是在 GA 空间中执行。为了更好地将 GA 算子与 GIS 分析对接起来，首先需要定义直接面向 GIS 分析的计算空间[图 3.2(b)]。该空间的构建需要满足两个要求：①空间中的要素表达是直接面向地理对象的；②空间中的算子是可以直接应用于地理对象的。

在此框架下，通过将真实的地理对象转换到特定的 GIS 计算空间，实现 GIS 问题的形式化表达与求解，而 GIS 数据的抽象 GA 表达与计算都隐含在系统底层，有利于提高开发效率。在 GIS 计算空间的定义过程中，基于 GA 的空间表达和算子需要直接拓展到与 GIS 对象建模和分析相对应。

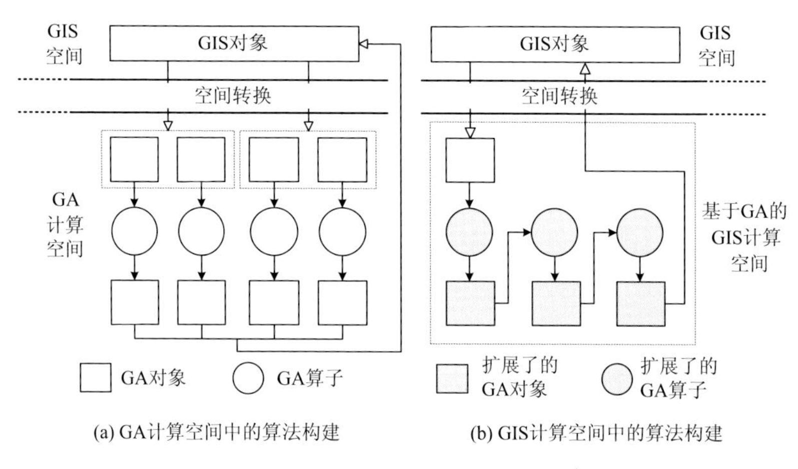

图 3.2　GA 计算空间与 GIS 计算空间

3.2　GIS 计算空间中对象表达方法

3.2.1　基于 blade 的空间多维层次结构

Blade 是向量在更高维度的扩展，也是几何代数系统的基本组成元素。外积和内积分别作为子空间的升维和降维操作，可以实现子空间向更高维或更低维的转换，进而表现出一定的层次性。由于内积的几何意义为左运算对象在右运算对象中与其垂直的部分，其应用较为局限，有时也会用式(3.1)替换内积运算：

$$P_B(A) = \frac{A \bullet B}{B} \tag{3.1}$$

式中，A和B 均为 blade，式(3.1)也称为 A 相对 B 的投影。

据几何代数基本运算的定义可知，外积和内积分别为维度增减运算，则当其作用于子空间时，可实现不同维度子空间的转换，故可得到基于 blade 的空间多维层次表达体系，如图 3.3 所示。

上述空间多维层次表达使得基于几何代数的 GIS 空间表达具有统一性与动态性，其结果可根据运算结果动态变化。上述层次结构可进一步应用于 Grassmann 结构一致的几何对象表达、网络节点的动态生成与重构和场数据的多维度透视与重组。

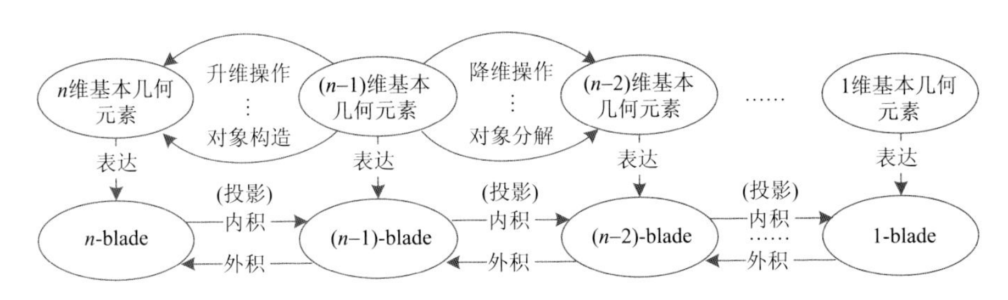

图 3.3 基于 blade 的空间多维层次表达

1. 矢量模型中的 Grassmann 结构与对象表达

如表 2.4 所示，在共形几何代数(CGA)空间中可实现与 Grassmann 层次结构相一致的几何对象的表达，即一条直线(点对)可通过两点的外积直接求得，一个平面(圆)可通过三点的外积直接求得(构建直线和平面的时候，由于基元无穷远延伸的性质，同时需要外积无穷向量 e_∞)。上述特征一方面增强了基于 CGA 几何对象表达的简洁性与直观性，同时也使我们可以利用上述特性，构建对象表达的层次模型。图 3.4 为 CGA 空间下的几何对象 Grassmann 层次结构图。

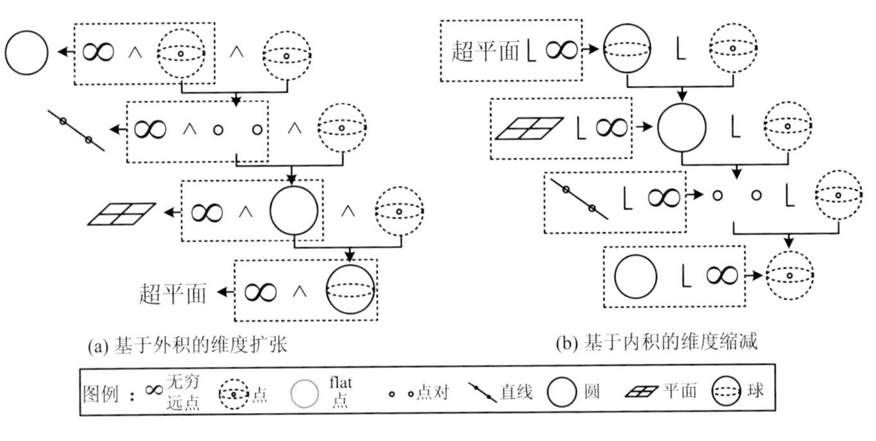

(a) 基于外积的维度扩张 (b) 基于内积的维度缩减

图 3.4 CGA 空间下的几何对象 Grassmann 层次结构

由于 GIS 数据多具有复杂的结构，容易受固有边界的限制，CGA 中基本的几何对象还不足以表达实际数据。如多边形对象(如湖泊或者国家边界)在 GIS 中的表达除了多边形所在平面，还需要引入边界线。因此，需要给定边界点 $p_1, p_2, \cdots, p_n$ 构成 k 维 GIS 基本几何基元 $\mathrm{GeoPri}_k(p_1, p_2, \cdots, p_n)$。首先可以定义 $\mathrm{GeoCarrier}_k$，它表示包含或承载 GeoPri_k 的几何代数对象。

定义 3.1 GeoCarrier 是 GeoPri 的容器或是载体，它没有固定的边界，所以它可以直接使用几何代数 blade 表达，可以写成如下形式：

$$\text{GeoCarrier}_k = \text{CGA}\{p_1, p_2, \cdots, p_k, p_{k+1}\} \tag{3.2}$$

式中，$p_1, p_2, \cdots, p_k, p_{k+1}$ 是边界特征点，代表 k 维空间需要用 $k+1$ 维的 CGA 特征点来表达；CGA$\{\cdots\}$ 表示括号内对象的外积表达。由于 CGA 空间中具有两种形式的外积表达，GeoCarrier 可被分为 round GeoCarrier 和 flat GeoCarrier：

$$\text{GeoCarrier}_k = \begin{cases} p_1 \wedge p_2 \wedge \cdots \wedge p_k \wedge p_{k+1} \\ p_1 \wedge p_2 \wedge \cdots \wedge p_k \wedge p_{k+1} \wedge e_\infty \end{cases} \tag{3.3}$$

进而可定义决定 $\text{GeoPri}_k(p_1, p_2, \cdots, p_n)$ 边界范围的 GeoBounds，如下。

定义 3.2　GeoBounds_{k-1} 被定义为一组代表 GeoPri_k 边界的 $k-1$ 维 CGA 对象。它可以写成

$$\begin{aligned}\text{GeoBounds}_{k-1} = \{&\text{GeoPri}_{k-1}(p_1 \wedge p_2 \wedge \cdots \wedge p_k), \text{GeoPri}_{k-1}(p_2 \wedge p_3 \wedge \cdots \wedge p_{k+1}), \\ &\cdots, \text{GeoPri}_{k-1}(p_{n-k+1} \wedge p_{n-k+2} \wedge \cdots \wedge p_n)\}\end{aligned} \tag{3.4}$$

使用 GeoCarrier 和 GeoBounds 的组合结构，GIS 对象的几何元素可以被定义如下。

定义 3.3　对于给定点集 $\{p_1, p_2, \cdots, p_n\}$，GeoPri 被定义为包含边界的几何元素，可以表示成

$$\begin{aligned}\text{GeoPri}_k &= \text{GeoCarrier}_k\{\text{GeoBounds}_{k-1}\} \\ &= \text{CGA}(p_1, p_2, \cdots, p_k, p_{k+1})\{\text{GeoPri}_{k-1}(p_1, p_2, \cdots, p_k), \\ &\text{GeoPri}_{k-1}(p_2, \cdots, p_k, p_{k+1}), \cdots, \text{GeoPri}_{k-1}(p_{n-k+1}, p_{n-k+2}, \cdots, p_n)\}\end{aligned} \tag{3.5}$$

上述公式形成了一个递归结构，且有当 $k=0$ 时，$\text{GeoPri}_0(p_i) = p_i$。图 3.5 举例说明了如何使用 $\text{GeoCarrier}_2(A,B,C,D,E)$ 和 $\text{GeoBounds}_1(A,B,C,D,E)$ 表示一个二维多边形 $\text{GeoPri}_2(A,B,C,D,E)$。

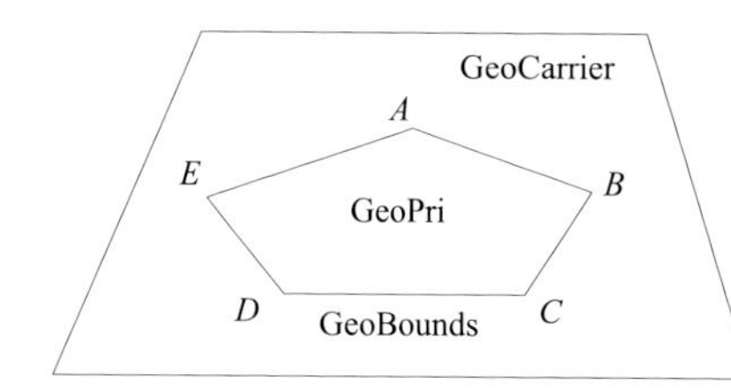

$\text{GeoPri}_2(A,B,C,D,E) = \text{GeoCarrier}_2\{\text{GeoBounds}_1\}$

$\text{GeoCarrier}_2 = \text{CGA}(A,B,C) = \text{CGA}(A,B,D) = \text{CGA}(A,B,E) = \cdots$
$= A \wedge B \wedge C \wedge e_\infty = A \wedge B \wedge D \wedge e_\infty = A \wedge B \wedge E \wedge e_\infty = \cdots$

$\text{GeoBounds}_1 = \{\text{GeoPri}_1(A,B), \text{GeoPri}_1(B,C), \text{GeoPri}_1(C,D),$
$\text{GeoPri}_1(D,E), \text{GeoPri}_1(E,A)\}$

图 3.5　基于 GeoPri 的二维多边形表达方法

2. 网络节点路径的动态生成与重构

网络模型中，网络的维度由网络的节点数确定，网络节点可定义为 1-blade，

网络边定义为 2-blade，网络路径则可用 k -blade 表示(图 3.6)。Blade 的层次结构同样可用于网络元素的动态生成与重构，如图 3.7 所示。但网络元素的延拓需要考虑节点间的连通性，如图 3.7 中的网络边 E_{ij} ，只有当节点 i 和 j 相连的时候，$E_{ij} = e_{ij}$；同理，当进行基于节点和边的路径生成时，也需要考虑节点间的连通性。除了连通性的考虑，网络元素的 blade 表达中，节点的顺序也不可随意更换，即网络元素 blade 的维度层次具有更为严格的限制。在本书 4.3 节对网络空间进行了详细定义，通过几何代数基向量的邻接矩阵表达连通性，并构建了带方向的外积运算，实现了基于连通性判断的网络元素延拓。

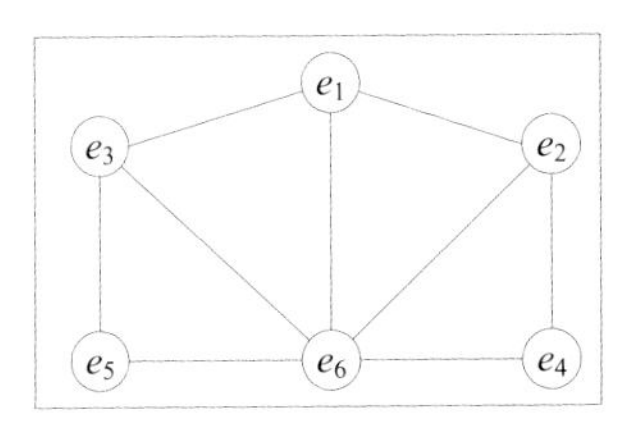

图 3.6 基于 blade 的网络元素表达

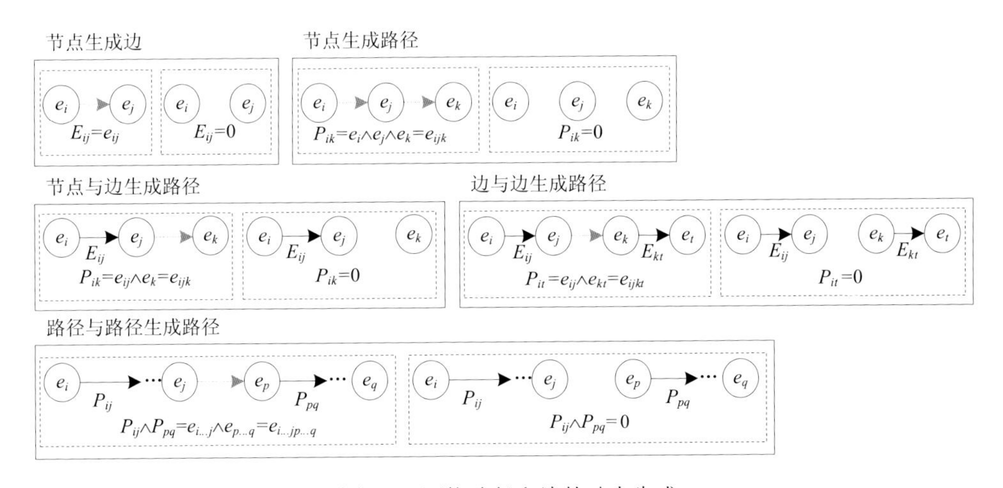

图 3.7 网络路径和边的动态生成

3.2.2 基于 MVTree 的 GIS 多维融合表达

在地理场景的多维融合表达方面，由于树结构可以清晰地表达层次结构，可引入 MVTree 的概念(Luo et al.，2017)。MVTree 是根据上节提到的 GeoPri 的层次递归结构定义的。树节点用来存储 GeoPri_i 的 GeoCarrier，而 GeoBound 可表达为当前节点的子节点。根据 GeoPri 的定义，当维度降为零时，GeoBound 部分会退化，在这种情况下，子树为空，所以当前节点必是叶节点。因此，MVTree TA 可以定义如下。

定义 3.4　对于给定的 CGA 向量空间 $R^{n+1,1}$，MVTree TA 的任何节点满足如下条件：

(1) 当 $\dim(\text{TA}) = v > 0$，$\text{TA.Child}_i = \text{GeoPri}_{v-1}$，$1 \leqslant i \leqslant m$，$m$ 是 GeoBound 中 GeoPri 的数量；

(2) 当 $\dim(\text{TA}) = 0$，$\text{TA.Child}_i = \text{NULL}$，这个节点是叶子节点。MVTree 的维度被定义为其所表达的 GeoPri 的维度，可知，任意 n 维的 MVTree，其深度为 $n+1$，且所有在同一等级 v 的节点具有相同的维度 $n-v+1$。在基于外积的层次表达结构中，几何基元可由低一维度的基元构成，该结论可推广到 MVTree，即 MVTree 中高层级的节点可以由低层级的节点生成。因此，MVTree 可以被看作是具有自生成能力的树结构。此外，非叶子节点只储存 GeoCarrier 的几何代数表达，而不是真正的坐标，这样可以减少存储空间并简化计算。下面用一个例子来说明 MVTree 的结构(图 3.8)。

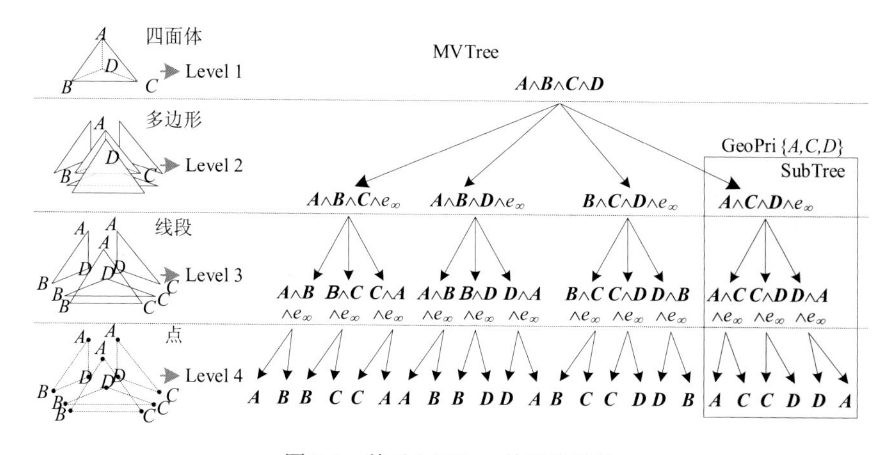

图 3.8　基于 MVTree 的层次结构

给定一个由点集 $\{A,B,C,D\}$ 组成的四面体，首先定义三维共形空间 $R^{3+1,1}$，并将所有的点投影到共形空间，记为 $\{\boldsymbol{A},\boldsymbol{B},\boldsymbol{C},\boldsymbol{D}\}$。基于共形点，可将四面体表示为 MVTree 结构，如图 3.8 所示。其中，MVTree 的所有节点都是 GeoCarrier (叶子节点可以视为维度等于 0 的 GeoPri 特例)，并且子节点中存储的 GeoCarrier 构成了父节点的 GeoBound。

为了更好地支持数据操作和计算，需要定义快速便捷的 MVTree 中元素操作与访问机制。构建基于子树的空间对象访问方法，可保证树节点与数据几何特征的一致性。对于给定的节点 N，$\text{SubTree}(N)$ 表示以节点 N 作为根节点的子树。在几何基元 GeoPri 的表达中，N 可以认为是 GeoPri 的 GeoCarrier，$\text{SubTree}(N)$ 可以看作是 GeoPri 的 GeoBound，在计算时，GeoCarrier 和 GeoBound 都会参与其中。子树是当前几何元素的子对象，同时它与原始元素保持一致性，并且有相同的几何含义，子树在基于 MVTree 的计算中扮演着重要的角色。由于任何在同一层级上的节点具有相同的维数，MVTree 自动生成的层次结构也提供了一种方便的子树搜索和提取方法，即所有 MVTree 中的元素可以通过节点单独访问，也可以通过节点的子树访问，也就是一个平面可以被这个平面本身或是与它相关的线和点访问，一条线也可以被这个线本身或是它的边界点访问。

根据几何基元外积表达的层次性可知，基于几何代数的几何结构表达具有天然的层次结构。因此，MVTree 不仅在组成方面，而且在计算方面都具有层次特性。对基于 MVTree 计算的讨论将从内部计算和外部计算两个方面展开，内部计算主要是节点和子树之间的访问、操作等，而外部计算主要是 MVTree 之间的计算。

1. 节点和子树访问操作

节点作为 MVTree 的基本组成元素，可以方便地被访问到，但在基于 MVTree 的计算中，同时需要该节点的子树参与计算，因此需要同时定义子树的访问操作。在 MVTree 中，相同级别的节点具有相同的维度，并且祖先节点可以用后代节点依据 GA 算法计算得到，因此可定义等级提取算子 Level() 得到相同维度的节点。对于给定的 MVTree TA，$\text{Level}(\text{TA},i)$ 表示 TA 中所有在第 i 层级的节点。同理可定义子节点提取算子 Child()，$\text{Child}(\text{TA},j)$ 表示 TA 的第 j 个子节点(默认按广度遍历)，可将其简写为下标的形式：TA_j。

由于在 MVTree 的表达中，任何非叶节点都可以由它们的后代节点经 GA 计算得到，任何节点 N 的子树都可以由它的子节点通过 join 算子来重构：

$$\begin{aligned}\text{SubTree}(N) = \text{join}\big(&\text{Child}(N,0),\text{Child}(N,1),\cdots,\\ &\text{Child}(N,s)\big) = N_0 \oplus N_1 \oplus \cdots \oplus N_s\end{aligned} \tag{3.6}$$

式中，s 表示节点的数量，符号 $\oplus$ 用来连接 MVTree 的节点。以图 3.8 为例，$\text{SubTree}(\text{TA}) = \text{TA}_0 \oplus \text{TA}_1 \oplus \text{TA}_2 \oplus \text{TA}_3$。同时，每个节点的值都可以直接利用外积从一个子节点和一个叶节点构造：

$$N.\text{Value} = N.\text{Child}_s \wedge N.\text{Leaf}_t \tag{3.7}$$

式中，s 代表子节点索引；t 代表叶节点索引。$N.\text{Child}_s$ 和 $N.\text{Leaf}_t$ 满足独立条件，

即 $N.\mathrm{Leaf}_t$ 中的点不能共线，也不能和 $N.\mathrm{Child}_s$ 中对象的点共面。特别是当 $N.\mathrm{Child}_s$ 是叶节点时，$N.\mathrm{Value} = N.\mathrm{Child}_s \wedge N.\mathrm{Leaf}_t \wedge e_\infty$。以图 3.8 为例，$\mathrm{TA}_3.\mathrm{Value} = \mathrm{TA}_{3,0} \wedge \mathrm{TA}_{3,1,1}$。这两个计算的主要差别在于，式(3.7)只计算给定节点的GeoCarrier（如线段所在线或多边形所在平面），而不是像式(3.6)中那样，计算每个子节点真正的几何基元。

2. MVTree 间的层次计算

根据MVTree的层次结构，层次计算可以被定义为判断结构。这种结构是MVTree的常见计算结构，即只有父节点之间的计算符合一定的条件时，子节点才可以参与到计算中。

定义 3.5　给定MVTree　TA、TB，MVTree之间的层次计算可定义为

$$\mathrm{TA} \circ \mathrm{TB} = \langle \mathrm{TA} \circ \mathrm{TB} \rangle \vDash (\mathrm{TA} \circ \mathrm{SubTree(TB)} \oplus \mathrm{SubTree(TA)} \circ \mathrm{TB}) \tag{3.8}$$

式中，符号 $\langle\ \rangle$ 意味着操作只对GeoCarrier部分有效，同时 $\langle \mathrm{TA} \circ \mathrm{TB} \rangle$ 也可以写作 $\langle \mathrm{TA.Value} \circ \mathrm{TB.Value} \rangle$；符号 $\vDash$ 的含义是当且仅当 $\vDash$ 左侧满足特定条件时（由 $\langle\ \rangle$ 中的公式决定），$\vDash$ 右侧的计算才可以开始。因此，上述公式意味着“只有当MVTree的根节点满足先决条件时，子节点才可以被计算”。

在上式中，判断运算仅应用于MVTree的根节点，按照类似的方式，判断公式也可以被应用于子树。对两个给定的MVTree节点 M 和 N，树节点 M 和 $\mathrm{SubTree}(N)$ 的层次计算为

$$M \circ \mathrm{SubTree}(N) = (M \circ N_1 \oplus M \circ N_2 \oplus \cdots \oplus M \circ N_t) = \bigoplus_{i=1}^{p} (M \circ N_i) \tag{3.9}$$

式中，p 代表子节点 M 包含的子树的个数。将式(3.9)代入式(3.8)，MVTree TA和TB间的层次计算可以表示为

$$\mathrm{TA} \circ \mathrm{TB} = \langle \mathrm{TA} \circ \mathrm{TB} \rangle \vDash \left(\bigoplus_{i=1}^{s} \left(\langle \mathrm{TA} \circ \mathrm{TB}_i \rangle \vDash (\mathrm{TA} \circ \mathrm{SubTree}(\mathrm{TB}_i)) \right) \oplus \bigoplus_{j=1}^{t} \left(\langle \mathrm{TB} \circ \mathrm{TA}_j \rangle \vDash (\mathrm{TB} \circ \mathrm{SubTree}(\mathrm{TA}_j)) \right) \right) \tag{3.10}$$

式中，s 和 t 是子节点数目。根据子树的层次特征，上式将一直进行递归计算直到访问到叶节点停止。但是，并不是所有的层次计算都需要递归到叶节点层级，因为符号 $\langle\ \rangle$ 中的所有计算仅用于判断某些指定条件，不需要明确的数值计算，此外，如达不到判断条件，$\langle\ \rangle$ 右边的计算可以被省略。利用上式几何基元计算的分层判断结构，基于MVTree的计算可以有效提高计算效率。

3.2.3 基于 MVTree 的 GIS 计算结构

GA 算子对于多重向量构成的对象，在计算方面具有强大的能力。大多数的 GA 算子，包括度量、几何转换和关系度量等，都是多维统一并且是数据自适应的。所以，这些独特而结构简单的算子可以被应用于任何对象。GA 算子可以依据分配律作用于一个多重向量而不会改变它的结构(Dorst et al.，2009)，给定两个多重向量 A_n 和 B_m，其算子计算可表达为如下形式：

$$\mathrm{Op}(A_n, B_m) = A_n \circ B_m = \sum_{i=1}^{2^n}\sum_{j=1}^{2^m}\gamma^i\eta^j E_i \circ E_j \tag{3.11}$$

式中，γ^i 和 η^j 代表对应维度多重向量的系数；E_i 和 E_j 是 blade 元素。由于 GA 算子操作只对 γ^i 和 η^j 系数有影响，所以算子结果独立于 A_n 和 B_m 的形状与维度。因此，除了几何结构表达之外，算子结果是参数化的，并且可以用关系算子进行分析。

基于 GA 多维统一的特点，形式化的符号表达式也可以实现对 GIS 中复杂地理对象的表达。基于 GA 的多维统一的计算框架(GA-MUC)被证明在多维统一的 GIS 建模与计算中具有显著效果(Yuan et al.，2012，2013)。在 GA-MUC 框架下，GA 算子可以被直接运用到多重向量表示的地理对象上，进而现有的很多 GIS 算法且模型可以用清晰且简单的方式继承和重构(Yuan et al.，2010，2013)。

根据 Yuan 等(2012)提出的多维统一的 GIS 数据表达方法，GIS 对象可以用多重向量来表达和计算，但原始两个任意多重向量之间求交计算代价很高。给定两个多重向量 A 和 B，求交算子会以如下方式作用到每个 blade 之上：

$$A \cap B = \sum_{i=1}^{2^n}\sum_{j=1}^{2^n}\alpha^i\beta^j E_i \cap E_j \tag{3.12}$$

对于任何给定的 MVTree，上述操作需要从左到右作用于每一个元素。因此，求交算子不适合直接用于大规模计算。但是根据 MVTree 的层次结构，求交计算可以被简化为基于判断的层次计算，就如式(3.10)所示。给定一个 v 维 MVTree 对象 TA 和一个 t 维 MVTree 对象 TB：

$$\begin{aligned}\mathrm{TA} \cap \mathrm{TB} = \langle \mathrm{TA} \cap \mathrm{TB} \rangle \vDash \Bigg(& \mathop{\oplus}_{i=1}^{s}\big(\langle \mathrm{TA} \cap \mathrm{TB}_i \rangle \vDash (\mathrm{TA} \cap \mathrm{SubTree}(\mathrm{TB}_i))\big) \oplus \\ & \mathop{\oplus}_{j=1}^{t}\big(\langle \mathrm{TB} \cap \mathrm{TA}_j \rangle \vDash (\mathrm{TB} \cap \mathrm{SubTree}(\mathrm{TA}_j))\big)\Bigg)\end{aligned} \tag{3.13}$$

根据$\vDash$的定义，meet 运算($\cap$)结果的符号可以用来预先判断几何对象之间的相交关系，这将极大地减少计算相交关系的复杂性。Roa 和 Theoktisto(2012)发现求交运算的平方可以确定相交/相切/相离关系。给定两个 blade A 和 B，它们满足：

$$\begin{cases}(A\cap B)^2>0\Leftrightarrow A,B\text{相交}\\(A\cap B)^2=0\Leftrightarrow A,B\text{相切}\\(A\cap B)^2<0\Leftrightarrow A,B\text{相离}\end{cases}\tag{3.14}$$

引入式(3.13)，只有当$\langle\ \rangle$中的公式满足“相交”或“相切”条件时，$\vDash$的右边部分才会被执行。因此，常见几何对象的交集运算很容易被其子集的断言筛选掉，可以大大降低计算复杂度。给定的两个三角形△(ABC)和△(DEF)，其基于 MVTree 的相交判断流程如图 3.9 所示。MVTree 根节点子树的计算首先应该根据式(3.14)判断参与计算的子节点。如果先决条件得到满足，子节点将通过递归判断的方式依次进行判断与求解，直到叶节点被访问到。因为如式(3.14)所示的判断过程仅仅是符号化计算，从而可大幅度简化求交运算。

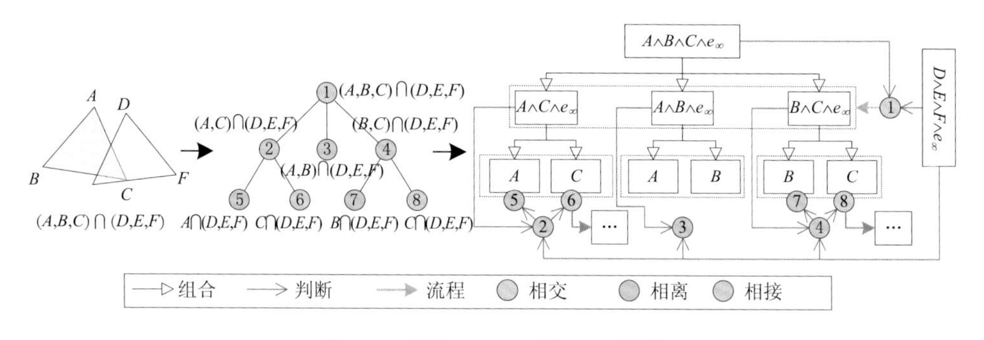

图 3.9　基于 MVTree 的 meet 计算

3.3　基于几何代数的 GIS 分析方法

3.3.1　空间度量关系计算

GIS 空间的长度、面积、角度等基本度量指标是空间特征分析与空间定量计算的前提。在欧氏几何框架下，对象间距离、角度等度量指标的计算在不同维度对象上不统一，不同类型对象间的运算也需要分别处理，从而使传统算法的高维扩展困难，面向复杂场景的算法结构复杂，不利于动态场景的分析处理和大规模数据的统一运算。几何代数框架下的几何对象表达与计算对几何度量关系具有内蕴性与继承性。基于上述几何代数运算空间的定义，可以将上述度量指标分别映射到几何代数空间中的模值(长度、面积和体积等)和方向。

几何代数框架下的几何对象表达对几何度量关系具有内蕴性和继承性，如在 CGA 空间中内积被赋予可表征距离或角度的明确几何意义：点-点、点-线间内积可直接表征两者距离，运算结果符号则显示两者空间中的位置关系；而线-线、面-面间的内积与其内积模的比值为两者夹角的余弦，可直接确定两者间的空间位置关系。较之欧氏空间的度量算子，基于 CGA 的度量与关系表达更为简洁并便于运算。本节面向 GIS 空间计算需求，分别构建适用于不同维度对象间的距离度量及空间位置关系运算算子。

1. 基本对象的空间属性求解算子

基于内积和外积可进行代数空间构造及几何对象表达。基本几何对象是复杂地理对象表达的基础，基于几何代数表达的几何对象在表达几何结构的同时，也内蕴包含了对象的基本特征，而且由于几何代数具有坐标无关与维度无关等特性，使得几何对象的表达是几何对象自身内蕴的几何特征，计算获得的几何关系也是各几何对象间不依赖坐标的相对关系(Perwass，2009；李洪波，2005)。上述特征为几何对象自身空间属性的统一计算提供了有利前提。以共形几何代数空间为例，该空间中基本对象的表达包含方向、位置、值大小等几何语义信息，利用上述信息还可通过直观的算子运算直接判断对象间相离、相交、包含等拓扑关系。表 3.1 给出了 CGA 中基本几何对象的空间属性求解算子。

表 3.1 几何代数空间对象属性

blade 分类	几何对象	标准形式 X	方向关系	位置关系	距离关系
rounds	点、圆环、球面、点对	$X=\left(e_0+\frac{1}{2}\rho^2 e_\infty\right)A_k$	$-(e_\infty \rfloor X)\wedge e_\infty$	$\frac{X}{e_\infty \rfloor X}$	$\rho^2=-\frac{X\hat{X}}{(e_\infty \rfloor X)^2}$
flats	线、平面	$X=e_0\wedge A_k\wedge e_\infty$	$e_\infty \rfloor X$	$(q\rfloor X)/X$	/
tangent blades	切向量	$X=e_0 A_k$	$-(e_\infty \rfloor X)\wedge e_\infty$	$\frac{X}{e_\infty \rfloor X}$	0
direction blades	方向向量	$X=A_k e_\infty$	X	/	/

注：A_k 为欧氏表达；$\rfloor$ 为左缩进运算；$\hat{X}$ 为维度退化运算(参见表 5.2)，且有 $\hat{X}_k=(-1)^k X_k$。

2. 对象间距离求解算子

由于几何代数空间中，基本对象均可表达为 blade 结构，其表达形式及几何意义具有统一性。而 CGA 空间中，内积结果即可表征二者的距离度量，可得任意 blade P,S 的度量表征为

$$
\begin{aligned}
P \bullet S &= (p + \alpha_4 e_\infty + \alpha_5 e_0) \bullet (s + \beta_4 e_\infty + \beta_5 e_0) \\
&= p \bullet s + \beta_4 \underbrace{(p \bullet e_\infty)}_{0} + \beta_5 \underbrace{(p \bullet e_0)}_{0} + \alpha_4 \underbrace{(e_\infty \bullet s)}_{0} + \alpha_4 s_4 \underbrace{(e_\infty^2)}_{0} + \alpha_4 \beta_5 \underbrace{(e_\infty \bullet e_0)}_{-1} \\
&\quad + \alpha_5 \underbrace{(e_0 \bullet s)}_{0} + \alpha_5 \beta_4 \underbrace{(e_0 \bullet e_\infty)}_{-1} + \alpha_5 \beta_5 \underbrace{(e_0{}^2)}_{0} \\
&= p \bullet s - \alpha_4 \beta_5 - \alpha_5 \beta_4 \\
&= \alpha_1 \beta_1 + \alpha_2 \beta_2 + \alpha_3 \beta_3 - \alpha_5 \beta_4 - \alpha_4 \beta_5
\end{aligned}
\tag{3.15}
$$

式中，p 和 s 为 blade 在欧氏空间中的表达；$\alpha_i, \beta_i, i = 1, \cdots, 5$ 分别为 p 和 s 中各基向量的系数，即有 $P = \alpha_1 e_1 + \alpha_2 e_2 + \alpha_3 e_3 + \alpha_4 e_\infty + \alpha_5 e_0$。共形几何代数空间中平面的表达为

$$\pi = n + d e_\infty \tag{3.16}$$

式中，n 为法向量；d 为平面距原点距离。同理可得，球面的表达为

$$S = o + \frac{1}{2}(o^2 - r^2) e_\infty + e_0 \tag{3.17}$$

式中，o 为圆心；r 为半径。利用上述性质可列出 CGA 空间中三维几何对象的距离求解算子表，如表 3.2 所示。

表 3.2　几何代数中基本几何对象内积对距离的表征

运算对象	对象表达	表征算子	几何意义
点-点	$\begin{cases} \alpha_4 = \frac{1}{2} p^2, \alpha_5 = 1 \\ \beta_4 = \frac{1}{2} s^2, \beta_5 = 1 \end{cases}$	$P \bullet S = p \bullet s - \frac{1}{2} s^2 - \frac{1}{2} p^2 = -\frac{1}{2}(s - p)^2$	内积表征二者距离平方相反数的一半
点-平面	$\begin{cases} \alpha_4 = \frac{1}{2} p^2, \alpha_5 = 1 \\ \beta_4 = d, \beta_5 = 0 \end{cases}$	$P \bullet \pi = p \bullet n - d$	内积表征点和平面的距离
点-球	$\begin{cases} \alpha_4 = \frac{1}{2} p^2, \alpha_5 = 1 \\ \beta_4 = \frac{1}{2}(o^2 - r^2), \beta_5 = 1 \end{cases}$	$2(P \bullet S) = r^2 - (o - p)^2$	内积表征球半径与点到球距离的平方差
球-球	$\begin{cases} \alpha_4 = \frac{1}{2}(o_1^2 - r_1^2), \alpha_5 = 1 \\ \beta_4 = \frac{1}{2}(o_2^2 - r_2^2), \beta_5 = 1 \end{cases}$	$2(S_1 \bullet S_2) = r_1^2 + r_2^2 - (o_2 - o_1)^2$	内积表征球半径的平方和与球心距离的差

利用表 3.2 的算子可求解几何对象间定量的距离关系。在实际运用中，特别是对象拓扑关系求解中多数只需要求解对象间的相交、相接和相离的定性判断。基于几何代数表达的对象距离求解通常具有明确的几何意义，图 3.10 给出了二维空间中几何对象间定性距离关系的求解方法。如图所示，点和圆内积等于点到圆的切线

距离的一半，圆和圆内积结果的正负值可用于判断两圆的相离(正)、相切(零)与相交(负)关系。

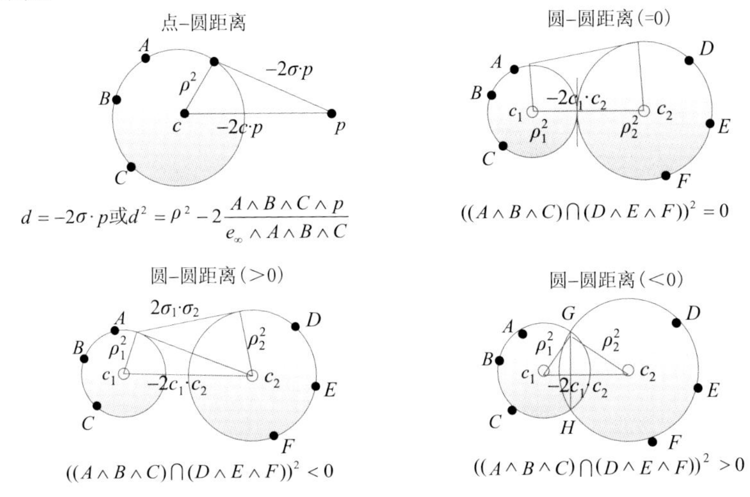

图 3.10 点-圆距离和圆-圆距离表征示意图

3. 对象间方位(角度)求解算子

在 GIS 空间中，可以通过角度定量描述对象间的方位关系，这种描述方式一般用于同维度对象之间，如线-线角度、面-面角度、圆-圆角度等(线-面角度可以理解为线与线在平面上投影的角度)。两对象的角度可通过内积运算求解，如图 3.11 所示。

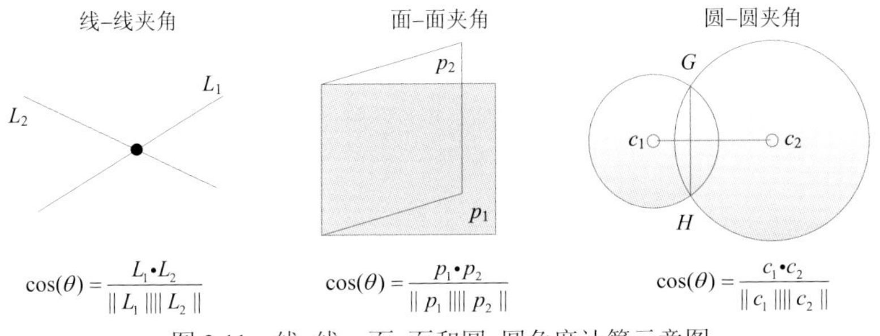

$\cos(\theta)=\frac{L_1\cdot L_2}{\|L_1\|\|L_2\|}$ $\cos(\theta)=\frac{p_1\cdot p_2}{\|p_1\|\|p_2\|}$ $\cos(\theta)=\frac{c_1\cdot c_2}{\|c_1\|\|c_2\|}$

图 3.11 线-线、面-面和圆-圆角度计算示意图

对于不同维度的对象，通常采用定性的方位描述方法，如“点在直线左侧”“线在平面上”等。这类定性的空间描述一般只需要利用外积运算的方向性，直接判断外积结果的正负号即可。图 3.12 为判断点-线方位和点-平面方位的方法。

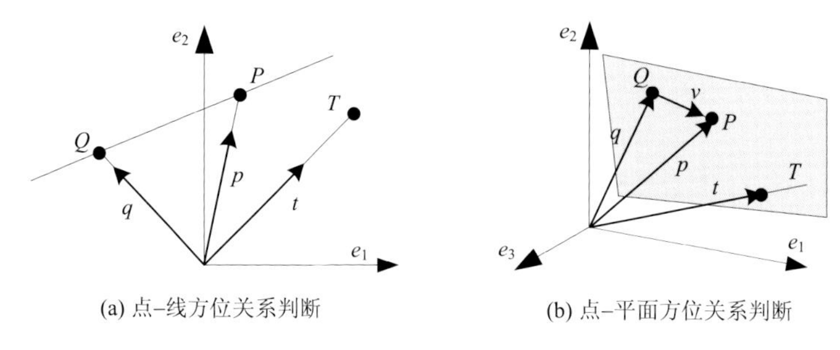

图 3.12　定性方位关系判断

(1) 点–线方位关系判断；P、Q 是直线 L 上的点，向量 $v = p - q$，判断 T 点位于直线 L 的方向，可通过公式 $v \wedge (t - q)$ 得出。当 bivector 的符号为正时，点位于直线顺时针方向，即点 T 位于直线 L 上方；当值为负时，点位于直线的逆时针方向，即点 T 位于直线 L 下方；当值为零时，点 T 位于直线 L 上。

(2) 点–平面方位关系判断；与判断点与线的方法类似，通过公式 $v \wedge (t - q)$ 构造 bivector。当它的符号为正时，点位于平面顺时针方向，即点 T 位于平面 π 前方；当值为负时，点 T 位于平面 π 后方；当值为零时，点 T 位于平面 π 上。

当然某些条件下，仅仅定性的方位关系并不能满足分析要求，需要构建方位关系的近似度量方法。下面给出一种基于点–点角度关系综合求取点–线、点–面等的方位关系近似计算方法，该方法通过给定对象间方位角度的区间来近似描述其方位关系。

对于给定点 A 和由顶点集 $\{B_1, B_2, \cdots, B_n\}$ 组成的二维复杂对象 M，可利用上节结论求得 A 相对于 B_i 的方位角集合 $\Theta = \{\theta_1, \theta_2, \cdots, \theta_n\}$，则 A 与 M 间的角度可表达为 $\left[\min(\Theta), \max(\Theta)\right]$。它通常描述的是一点相对于另外一复杂形体的方位角关系，这种描述对于光线、可视域等 GIS 分析具有重要作用。图 3.13 为点相对于多段线和点相对于多边形的方位角度量。

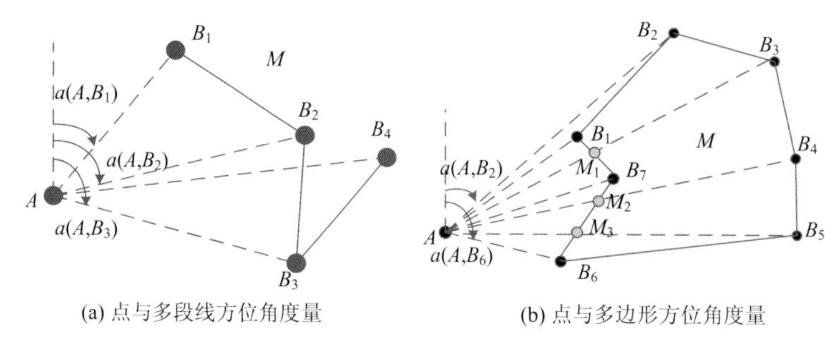

图 3.13　基于点–点角度的方位角定性判断

3.3.2 对象拓扑关系计算

对象拓扑关系是 GIS 空间中最为重要的定性关系，它反映了空间目标间的逻辑结构，对空间目标的查询、检索、空间叠置等分析都具有重要作用。拓扑关系是指在旋转、扭曲缩放变换下保持不变的几何特性，也被称为拓扑不变量，是与空间度量和方位无关的定性关系。传统的拓扑关系多基于点集拓扑理论，通过把地理对象抽象为内部、外部和边界三部分并通过三部分关系的组合得到不同的拓扑关系(Egenhofer，1993)。这种抽象的方法从拓扑理论上加以推导，具有严密性和完备性，但对于具体的地理对象的拓扑关系的求解能力不足，进而产生了一系列改进的拓扑求解算法(Cohn et al.，1997；Clementini and Di Felice，1996；Li and Huang，2002)。由于初始条件的差异，这些算法的结论也不尽相同。几何代数在对象的表达与运算上具有统一性，从而为设计多维统一的拓扑表达与计算模型提供可能。

1. 拓扑求交算子 MeetOp()的定义

根据定义 3.3 可知，对于给定 GIS 空间中的由点集 $\{p_1, p_2, \cdots, p_n\}$ 组成的凸对象，可由两部分组成，分别是该对象所在的 GeoCarrier 和对象的边界点集 GeoBounds：

$$\text{GeoObj}_k = \text{GeoPri}_k = \text{GeoCarrier}_k\{\text{GeoBounds}_{k-1}\} \tag{3.18}$$

式中，k 为对象维度，基于 meet 算子，可定义拓扑求解的 MeetOp() 如下。

定义 3.6 MeetOp()基于几何代数 meet 运算定义，用于求解 GeoObj 间的相交关系，其表达式为

$$\begin{aligned}\text{MeetOp}(\text{GeoObj } A, \text{GeoObj } B) &= \text{GeoCarrier } A \cap \text{GeoCarrier } B \\ &= \{\text{RMeet}, \text{Tangent}, \text{IMeet}\}\end{aligned} \tag{3.19}$$

式中，RMeet、Tangent 和 Imeet 是 MeetOp()的三种取值结果，其几何意义为相交、相切和虚交。

在共形几何代数空间中，MeetOp()的结果可直接用于判断 GIS 对象的交并关系，Eduardo(2011)基于 meet 算子详细推导了线-线、线-面、面-面之间相交关系的计算方法与判断规则：对于 $M = A \cap B$，当 $M^2 > 0$ 时，MeetOp(A,B)的结果为 Rmeet；当 $M^2 = 0$ 时，MeetOp(A,B)的结果为 Tangent；当 $M^2 < 0$ 时，MeetOp(A,B)的结果为 Imeet。进而得到各类型 GeoCarrier 基于 meet 算子的相交关系的判断及其几何意义，如表 3.3 所示。

表 3.3　GeoCarrier 对象的 MeetOp()结果

类型	MeetOp()	可能的结果 $B=O_1 \cap O_2$	判断条件与几何意义 $B^2=B*B$
点对象交	点-线	标量　点	$B^2>0$，结果为标量，为其距离的度量；$B^2=0$，结果为当前相交的点
	点-面	标量　点	
	点-球	标量　点	
flat 对象交	线-线	自由向量　flat点	$B^2>0$，结果为二者公共方向的自由向量；$B^2=0$，结果为交点或交线
	线-面	自由向量　点	
	面-面	自由二向量　线	
round 对象交	线-球	虚点对　切向量　点对	$B^2<0$，结果为虚交的 round 对象；$B^2=0$，结果为切 blade，指示了切点和切向量；$B^2>0$，结果为相交的 round 对象
	面-球	虚圆　切二向量　圆	
	球-球	虚圆　切二向量　圆	

总结表 3.3，对于 MeetOp()运算的求解，可得出如下结论：

$$\text{MeetOp}(W,S)=W\cap S=\begin{cases}\text{RMeet} & B^2>0\\ \text{Tangent} & B^2=0\\ \text{IMeet} & B^2<0\end{cases} \tag{3.20}$$

式(3.20)仅求出了 GIS 对象所在的 GeoCarrier 间的拓扑关系，想要求解具体 GIS 对象间的拓扑关系，需要进一步定义拓扑计算模型。

2. 拓扑计算模型

根据 GeoObj 的定义可知，仅仅求解其 GeoCarrier 的拓扑关系是不够的，还需要求解其 GeoBounds 的拓扑关系。根据 GeoBounds 的层次结构，可以将 GeoObj 拓扑关系的求解分解为其 GeoBounds 各组成部分的拓扑关系的组合，而各部分的拓扑关系又可通过其所在的 GeoCarrier 的 MeetOp()运算快速求解，最终得到表征对象拓扑关系的 meet 树结构 JudgeMeet()。构建其层次求解模型：①求解对象

A 的 GeoCarrier 与对象 B 的 GeoCarrier 间的 MeetOp()，当结果大于 0 时，进入②，否则进入③；②计算对象 A 的 GeoCarrier 与对象 B 中第 i 层对象的 MeetOp()，对 i 循环，直到达到点层(叶子层)；③将求解的结果按其几何结构构建树结构，即得到 JudgeMeet()结果。最终构建的 JudgeMeet()结构及其求解过程如图 3.14 所示。基于上述拓扑求解模型，我们可以得到三维空间中的基本对象三角形、线段间的拓扑关系。JudgeMeet()树结构及其所对应的拓扑关系如表 3.4～表 3.6 所示，其中红色、紫色、绿色的实心圆分别表示 IMeet、Tangent 和 RMeet。拓扑关系参照 RCC 的表达，分别为 DC(相离)、EC(邻接)、PO(重叠)、EQ(相等)、TPP(内切于)、NTPP(包含于)、TPPI(被内切)、NTPPI(被包含)。

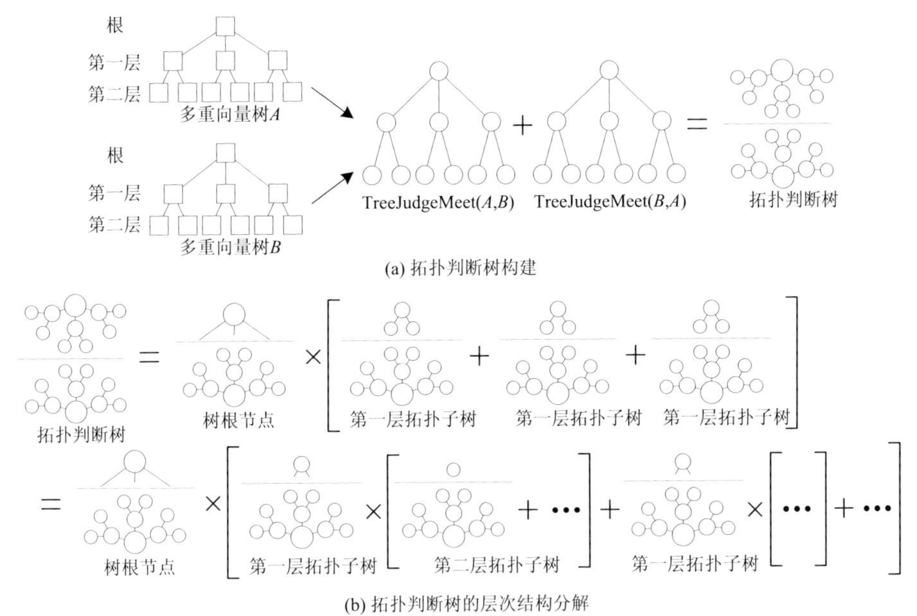

图 3.14 JudgeMeet()结构及其求解过程

表 3.4 线段-线段 JudgeMeet()结构及其拓扑结果

DC（平行/不共面）	DC（共线）	DC（共面）	EC（共线）	EC（不共线）	EC（顶点接边）	EC（边接顶点）
PO（共线交）	PO（不共线交）	EQ	TPP	TPPI	NTPP	NTPPI

表 3.5　线段-三角形 JudgeMeet()结构及其拓扑结果

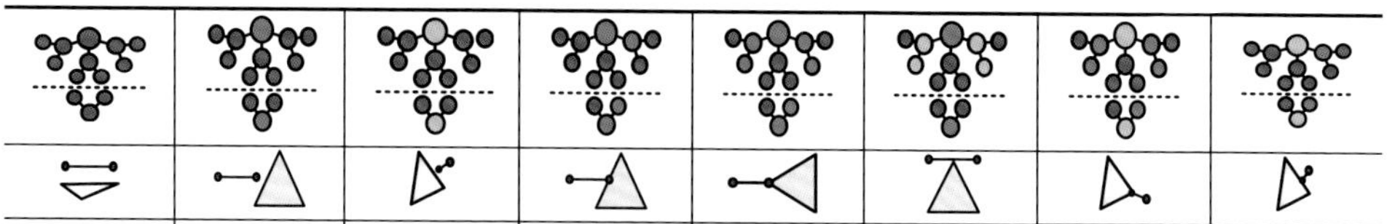							
DC（平行）	DC（共面）	DC（相交）	EC（端点接边）	EC（端点接点）	EC（边接顶点）	EC（不共面且边接顶点）	EC（不共面且点接边）
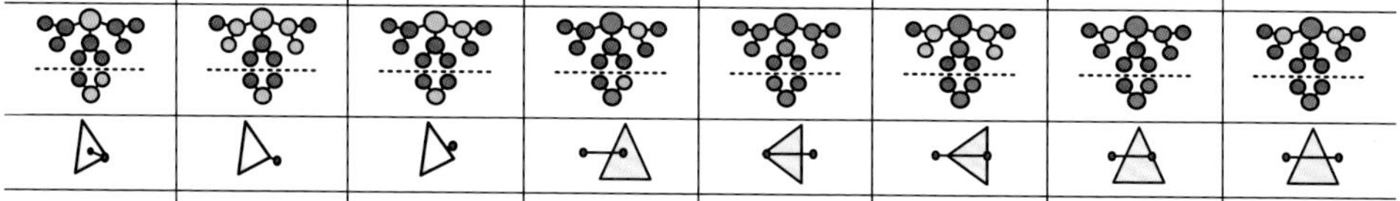							
EC（不共面且端点接面）	EC（不共面且边接顶点）	EC（不共面且边接边）	PO（边交一边）	PO（边交边并接顶点）	PO（边交顶点并接边）	PO（边交顶点并接边）	PO（边交二边）
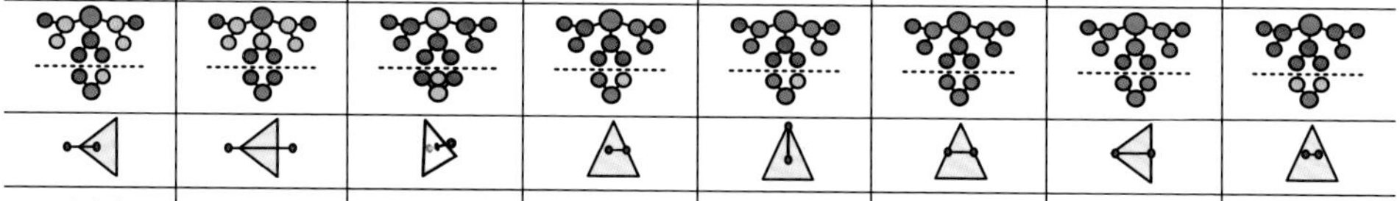							
PO（边交一顶点）	PO（边交顶点和边）	PO（不共面）	TPP（切一边）	TPP（切一顶点）	TPP（切二边）	TPP（切顶点和边）	NTPP

表 3.6　三角形-三角形 JudgeMeet()结构及其拓扑结果

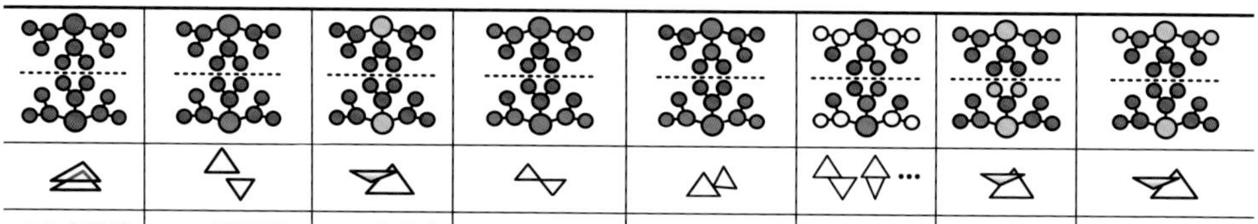							
DC（平面平行）	DC（平面共面）	DC（平面相交）	EC（点点接）	EC（点边接）	EC（边边接，6 种）	EC（不共面点边接）	EC（不共边边边接）
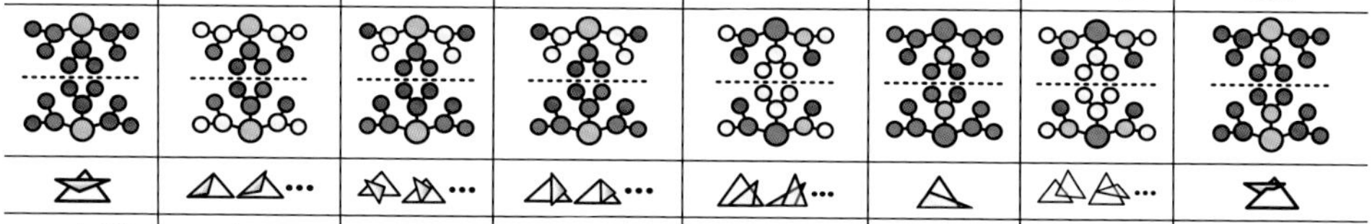							
EC（不共面点面接）	EC（不共面边共线，6 种）	EC（边面接，6 种）	EC（边面接交顶点，6 种）	PO（共面一边共线，10 种）	PO（二边共线）	PO（无共线边，9 种）	PO（一边穿过）
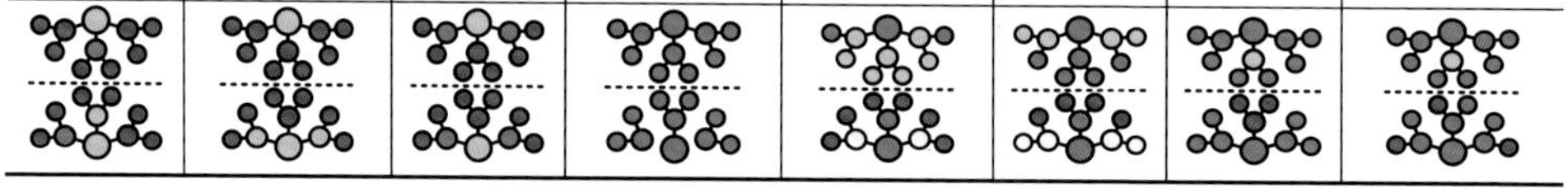							

续表

PO（一边穿过一边切）	PO（二边穿过）	PO（二边切）	EQ	TPP（顶点内切，3种）	TPP（一边内切,3种）	TPP（二边内切）	TPP（二边内切且过顶点）
TPPI（顶点内切,3种）	TPPI（一边内切）	TPPI（一边内切）	TPPI（一边内切）	TPPI（二边内切）	TPPI（二边内切且过顶点）	NTPP	NTPPI

上述结果的汇总表及其与传统算法的对比如表3.7所示。基于上述拓扑模型求解得到的对象拓扑关系由于考虑了具体的几何形状对象，并通过演绎式的代数化求解可得到比传统方法(9交模型)更为完备的结果。相较于9交模型仅仅考虑拓扑不变性，本书模型同时引入对GeoObj的判断，其结果更为完备，算子维度无关的特性也使得上述算法具有更高的多维拓展性。Colapinto(2011)则证明了三维欧氏空间嵌入的共形几何代数空间中，共存在199种空间关系。

表3.7 拓扑求解结果汇总

对象	基于几何代数拓扑结果	合计	9交模型
线段-线段	DC(3),EC(4),PO(2),EQ(1),TPP(1),TPPI(1),NTPP(1),NTPPI(1)	14	11
线段-三角形	DC(3),EC(8),PO(8),EQ(0),TPP(4),TPPI(0),NTPP(1),NTPPI(0)	24	13
三角形-三角形	DC(3),EC(9),PO(7),EQ(1),TPP(4),TPPI(6),NTPP(1),NTPPI(1)	32	18

3.3.3 GIS问题形式化求解示例

基于上述空间统一计算的流程和方法算法、算子集，以三维空间中直线、三角形的求交为例，对上述思路做出案例示范。三角形是最基本的剖分结构，常常用来构建三维表面模型，三角形间相交关系的求解也往往是对象碰撞检测、对象拓扑求解的基础。同时由于自然界中的光线一般被表达为射线，因而直线与三角形的关系也可用于光线分析、可视分析等。

1. 问题的提出

给出三维空间中的三角形集合 S 和线集合 L，求解所有的穿过 k 个三角形的直线集合 $I_k=\{l_i\}$，称此问题为 k 交三角形问题。S 中的元素 S_i 由点 S_{i1}、S_{i2}、S_{i3} 组成，L 中的元素 L_j 由点 L_{j1}、L_{j2} 组成。

2. 空间定义

利用 Plücker 空间进行问题求解，Plücker 空间是一个五维的射影空间 $\mathbb{P}^5$ (De Kok，2012)，常常被用于线、平面、超平面等 flat 对象的表达。Plücker 空间的定义如下。

给定三维空间中的直线 l，它由两点 P、Q 确定，且该两点的坐标为 (p_x,p_y,p_z) 和 (q_x,q_y,q_z)，将其投影至 Plücker 空间 $\mathbb{P}^5$，其坐标 $\pi_l(l_0,l_1,l_2,l_3,l_4,l_5)$ 的表达为

$$\begin{aligned} l_0 &= q_x - p_x, & l_3 &= q_z p_y - q_y p_z \\ l_1 &= q_y - p_y, & l_4 &= q_x p_z - q_z p_x \\ l_2 &= q_z - p_z, & l_5 &= q_y p_x - q_x p_y \end{aligned} \tag{3.21}$$

可进一步得到其对偶超平面的表达为

$$h_l(x) = l_3x_0 + l_4x_1 + l_5x_2 + l_0x_3 + l_1x_4 + l_2x_5 = 0 \tag{3.22}$$

式中，x 为 $\mathbb{P}^5$ 上的点，且其坐标为 $(x_0,x_1,x_2,x_3,x_4,x_5)$，则任意三维空间中的直线可被投影为 Plücker 空间中的一个点 π_l 或者对偶超平面 h_l。

3. 算子构建

首先构建直线和直线的方向判断算子 side()。给定两三维空间中的直线 l,r，其 side() 算子可定义为

$$\text{side}(l,r) = l_3r_0 + l_4r_1 + l_5r_2 + l_0r_3 + l_1r_4 + l_2r_5 \tag{3.23}$$

Side() 算子结果的符号可用于判断二者的相对方位，且当其为 0 时，表示两条直线相交或平行。据式(3.23)可知，$\text{side}(l,r)=h_l(\pi_r)=h_r(\pi_l)$，从而可将上述问题转换成直线在 $\mathbb{P}^5$ 空间上的投影与另一直线对偶超平面的关系(图 3.15)。

之后可进一步构建直线和三角形的相交判断算子 intersect()，给定两三维空间中的直线 l 和三角形 t，其 intersect() 算子可定义为

$$\text{intersect}(t,l) = \text{side}(t_i,l) \geqslant 0 \,\|\, \text{side}(t_i,l) \leqslant 0,\quad i=1,2,3 \tag{3.24}$$

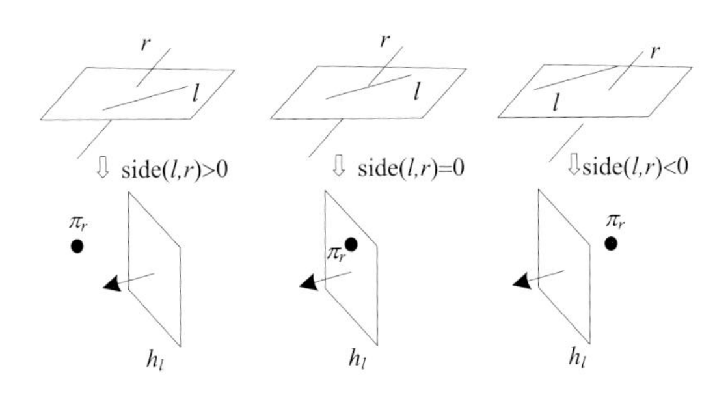

图 3.15 Side(*l*,*r*)算子运算示意图

即只要三角形的每条边与待求直线间的 side()算子结果的符号相等，则表明二者相交。同样可将其转换成点与对偶超平面位置关系的判断，如图 3.16 所示。

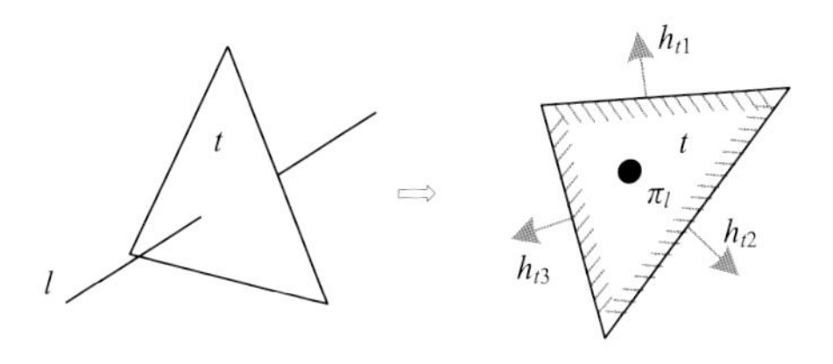

图 3.16 Intersect(*l*,*r*)算子运算示意图

4. 空间计算问题的形式化求解

据图 3.16 可知，三角形边在 $\mathbb{P}^5$ 空间中的对偶超平面表达将空间划分成四个部分，而其中只有投影在中心的直线是与三角形相交的，即可通过三角形集的对偶超平面剖分来划分空间，从而得到可能的 *k* 交三角形区域。如图 3.17 所示，2 个三角形的 6 条边可将 $\mathbb{P}^5$ 空间剖分成 3 个区域，分别为 2 个一交区域、1 个二交区域和 1 个零交区域。最后根据直线 l_1,l_2,l_3 在 $\mathbb{P}^5$ 空间的投影 $\pi_{l_1},\pi_{l_2},\pi_{l_3}$ 相对于剖分空间的位置，得到图中 l_1,l_2,l_3 分别为一交、二交和零交直线。

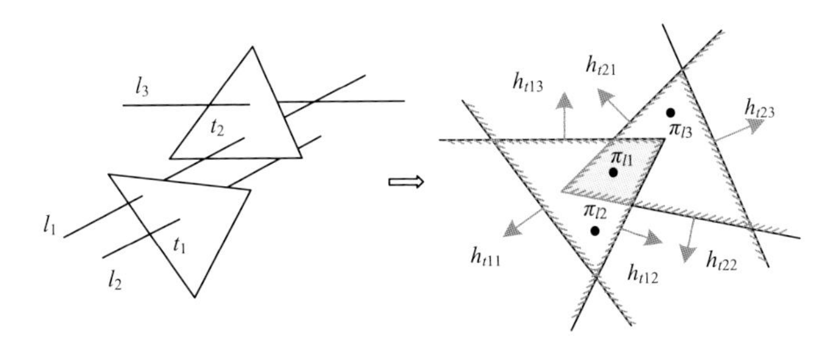

图 3.17 $\mathbb{P}^5$ 空间对偶超平面剖分示意图

3.3.4　基于几何代数的分析框架

通过几何代数运算空间的构建，可定义出一系列的空间特征和空间中对象关系的运算算子。而多重向量则实现了对象及关系的统一描述，使得同时包含对象表达与关系运算的多维统一运算成为可能，既保证了几何代数空间中对象的直接可运算性，也使这类运算是自包含的，导致计算结果仅与对象自身的几何特性有关，而与其所在维度、所处坐标系统及表达形式无关。基于上述特性可构建特征内蕴、参数化表达，并可直接支持计算的几何代数表达，利用多重向量结构实现几何对象及其关系表达的多维统一性与独立性，从而得到形式化、参数化与维度自适应的表达和空间计算算法，为统一空间计算流程的构建奠定了基础。

在几何代数空间中，几何对象可直接参与计算，可构建多维统一的 GIS 分析框架，在对 GIS 对象抽象表达的基础上，利用几何代数算子，实现直接可计算的 GIS 问题的求解。GIS 问题的具体性与复杂多样性，使得 GIS 空间对象往往不能直接进行计算处理，通常需要结合具体问题对其加以抽象建模，并构建与之相适应的计算算法。基于几何代数的 GIS 空间问题的求解一般包括数据转换、算子计算和计算结果解析三个步骤。从 GIS 问题的求解流程、几何代数基本算子算法及用于几何代数计算的计算引擎三个层面出发构建基于几何代数的 GIS 空间多维统一分析框架，如图 3.18 所示。

几何代数的基本思路是以代数方法解决几何问题，因而基于几何代数的空间计算流程也需要具有代数方法的逻辑严密性和步骤明确性。如图 3.18 所示，它遵循一般代数问题求解的变量设定、列出代数方程、代数方程求解三个步骤。基于几何代数运算的独立性与顺序无关性，设计面向 GIS 计算与分析的结构、几何与度量等算子算法集，为基于几何代数的 GIS 算法构建打下基础。多重向量作为基本的表达和运算结构，可根据其结构特征及算子算法库设计多维对象统一计算流程，研究基于几何代数表达的空间计算的统一性，进而推导出空间计算的一般结构，有望构建基于几何代数的空间计算方法体系。

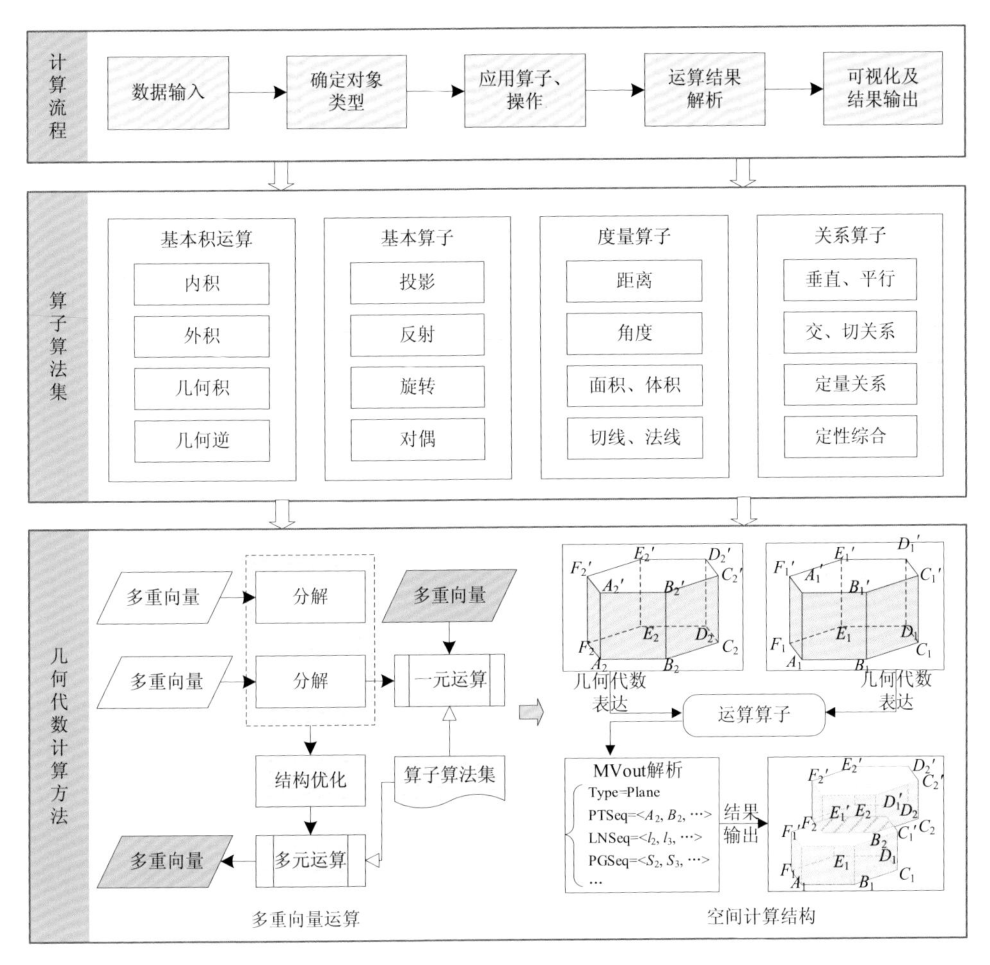

图 3.18 基于几何代数的 GIS 空间多维统一分析框架

3.4 本章小结

本章通过对基于多重向量的 GIS 计算结构的分析，探讨了基于几何代数的 GIS 计算空间构建及空间关系计算等问题。首先，从多重向量的结构特征出发，构建了复合算子生成策略和空间关系约束的嵌入方法，并进一步引出空间度量与空间拓扑两类最常用的 GIS 空间关系计算算子的构建与求解方法。之后，给出了基于几何代数的 GIS 空间运算的基本流程，并给出了案例示范。最后，利用几何代数从代数的角度解决几何问题兼具有直观性和可解析性特征，有望为复杂的 GIS 空间计算问题提出一套完整的运算框架与求解模式。

第 4 章　GIS 算法的几何代数构造方法

基于几何代数空间中 GIS 对象表达的统一性与 GIS 对象运算的统一性，可构建统一的几何代数 GIS 空间计算算法。由于 GIS 空间表达模式的不同，其在几何代数空间的表现形式也具有一定的区别。下面从多维矢量、高维场和多约束网络三种不同地理空间表达模式出发，对空间计算算法的构造流程加以解析，并构建各种模式下的空间计算算法。选择具有最优表达和计算特征的几何代数模型也是基于几何代数空间计算算法的优化途径之一。

4.1　基于几何代数的多维矢量算法重构方法

4.1.1　多维矢量计算空间抽象模式

基于多维矢量数据的维度分层结构，可将其表达分为场景、对象、基元三个层次，并构建与之相适应的几何代数表达概念模式(图 4.1)。在地理场景层，主要实现地理属性与语义的表达，通过语义矩阵嵌入语义约束，实现诸如邻接关系、权属关系等地理语义的嵌入。通过几何代数空间 metric 矩阵的自定义配置，可将场景中的语义关系嵌入对象的表达中，并可支持空间计算；在地理对象层，实现基本地理单元的构造和表达，将复杂的地理对象划分为不同的层次，可运用几何代数的多重向量结构对其加以优化配置，并利用 GeoPri 和 MVTree 结构加以表达，形成地理对象的层次性表达；基元层主要实现组成地理对象的基本元素的表达，与之相对应的是几何代数空间中的 blade，各 blade 之间可通过内积和外积运算进行构造和转化。

上述表达在统一各维度对象的同时，实现维度融合的表达。地理空间语义的引入是 GIS 空间计算区别于一般计算几何计算的基本特征。属性语义的解析与校验需要贯穿 GIS 空间计算的整个流程。基于多重向量编码结构，将地理对象的空间语义与属性信息嵌入其表达中，利用几何代数算子、算法集中空间约束求解子集，对空间计算过程中空间数据的属性、语义状态加以控制和调控，最后通过上述步骤实现空间数据的组织存储，并构建相应的空间对象索引与检索算法，实现支撑复杂空间计算的多维空间数据表达与建模。

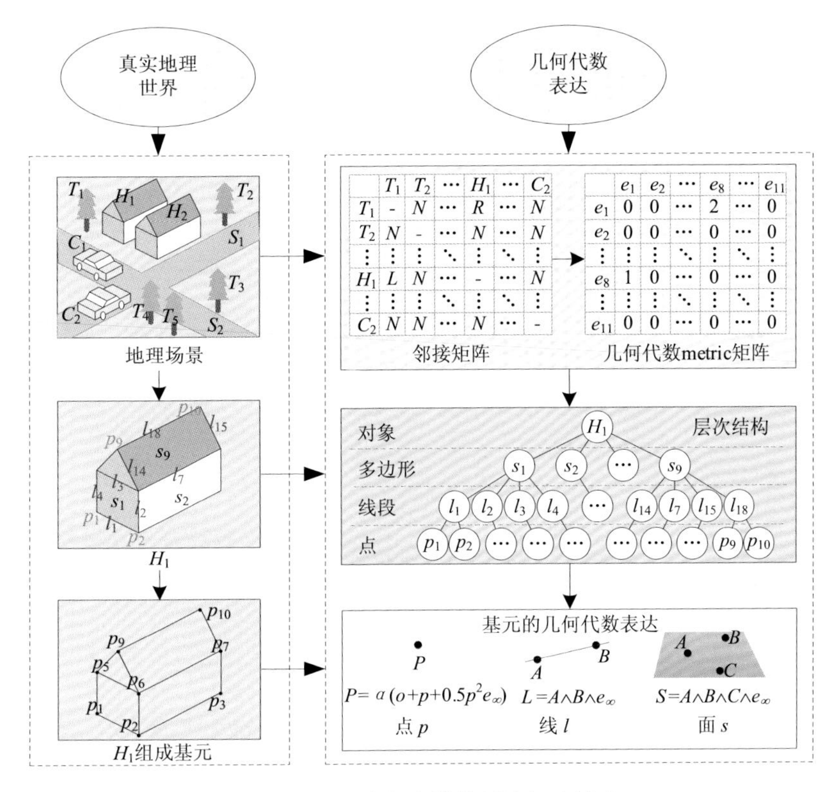

图 4.1 地理空间表达的层次概念模式

基于上述层次性的概念模型，地理空间表达的基本步骤如图 4.2 所示。首先结合几何代数空间的构造方法并根据地理空间表达要求，定义出满足地理空间多要素表达的几何代数空间。在地理对象表达模块，引入几何代数中基于 blade 的几何基元表达和复杂空间对象的多重向量表达，通过对空间中点、线、面等几何基元的几何代数空间映射与多重向量融合表达，实现多维空间对象的层次结构构建。

4.1.2 多维矢量计算空间特征与运算方法

多维矢量数据一般用于 GIS 空间中结构化对象表达，需要兼顾数据的结构性及度量特征运算。传统的表达方法多是对数据分图层、分要素拆分表达，导致数据结构特征丢失。面向对象的表达方式却过于抽象，使得对象间的计算与分析能力差。基于几何代数的表达方法由于具有完善的理论基础与表达模式，有望在统一不同维度对象表达的同时，提供完整的度量特征与对象关系运算模式和方法。

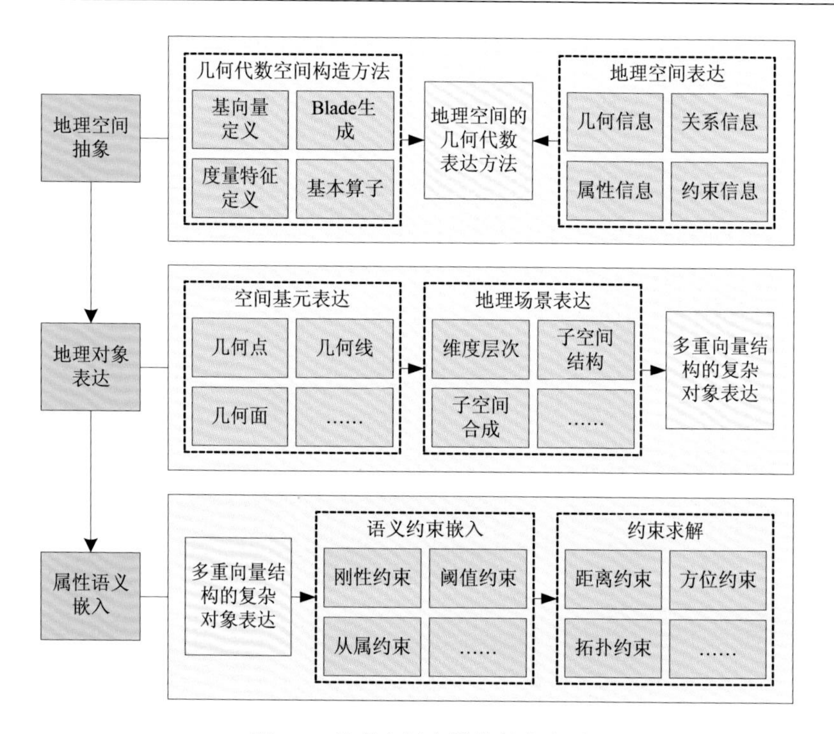

图 4.2　地理空间表达的基本步骤

1. 基于 Grassmann 结构的多维统一结构

在几何代数空间中，通过引入原点向量和无穷远点向量，可实现运算空间的闵氏度量结构，并使得对象的 Grassmann 结构与其所表达的对象维度具有一致性。例如，在共形空间中，三个点的外积可构建一个圆，而三个点同无穷远向量间的外积则可构建一个无限延伸的平面。上述构建关系无论从维度还是人们对几何形体的直观理解上都具有一致性。同时由于几何对象的表达都可统一描述为一个 blade，而且其运算也具有统一性，所以为多维数据的统一分析功能的实现提供了基础。

2. 基于 versor 积的对象变换与插值

高维空间的嵌入可统一对象的仿射变换结构，齐次空间通过引入 e_0 向量，实现了平移变换与旋转变换的统一；共形空间则进一步引入 e_∞ 向量，统一了缩放变换，从而实现了欧氏正交变换的统一表达。而这类变换均可统一表达为一种 Sandwhich 结构，$O_r = \boldsymbol{R}\boldsymbol{o}\boldsymbol{R}'$，其中 $\boldsymbol{o}$ 为运动对象，R 为变换的统一表达。由于 R 必须为一可反的多重向量，也被称为 versor，该运算也被称为 versor 积。基于 versor

积的对象变换表达除了具有统一的形式外，其几何意义也较为明确，并可利用其代数特性进行任意粒度的空间变换插值。

3. 空间对象约束嵌入

空间对象约束是指对空间中对象几何位置、几何结构加以限制的表达与运算结构，它对于动态场景空间计算具有重要意义。假定空间中存在多维地理对象集 S_i，则空间约束可以写成如下形式：

$$\begin{cases} O(S_i) \in C_1 \\ O(S_i, S_j) \in C_2 \end{cases} \tag{4.1}$$

式中，$O(S_i) \in C_1$ 为一元约束；$O(S_i, S_j) \in C_2$ 为二元约束。一元约束主要是对空间对象自身空间属性的限制，二元约束则包含了对象间空间关系的判断。对于两多维对象 A 和 B，假定其有如下约束：

$$\begin{cases} \|A\| < V & ① \\ A \wedge B \neq 0 & ② \\ A \bullet B < d & ③ \\ \dfrac{A \bullet B}{\|A\|\|B\|} < \beta & ④ \end{cases} \tag{4.2}$$

其中，式①为一元约束，其他均为二元约束，①表示对象 A 的模小于 V，由于在几何代数中 A 的模往往表示对象面积或体积的大小，该式也用于对象权重的计算；式②中利用了外积在形体构建中对线性相关性质的判断，从而可用于两对象的共线、共面等空间关系的识别；式③中通过内积可计算两对象之间的距离，因而该式也是对 A 和 B 的距离加以限制；式④与式③相同，但它是对两对象的角度关系加以限制。除此之外，还有更多的拓扑限制关系可以制定，具体可参照本书 3.3 节空间计算算子部分。

4. 基于多重向量的对象统一运算

前文述及多重向量可用于存储多维度对象，同时它又通过 versor 积实现了对平移、旋转与缩放等变换的统一。在多维矢量数据中，由于数据的结构一般较复杂，难以直接通过 blade 建模，需要利用多重向量结构，并在几何表达中实现对其基本特征度量、基本变换和几何约束的嵌入。

基于 blade 的几何对象表达多为不包含边界限制的理想对象，而地理空间中更为普遍存在的是各种具有固定边界的线段、多边形及多面体对象。为了在表达中嵌入边界信息，同时结合表达的 Grassmann 层次性，可构建复杂多维矢量数据的多重向量表达[式(4.3)]。首先将复合几何要素分解成由点、线、面、体等不同维度单一要素的集合，并利用几何代数 blade 进行表达，构建各维度间的层次关系。边界信息一方面由下一层次对象限定，此外也可由< >中的边界点集动态构建。

$$
\begin{aligned}
\text{GeoObjMv} = {} & \text{Obj.Points} \oplus \text{Obj.Lines} < \text{Lines.Pointsindex} > \oplus \\
& \text{Obj.Planes} < \text{Planes.Pointsindex} > \oplus \cdots \oplus \\
& \text{Obj.Sphere} < \text{Sphere.Pointsindex} >
\end{aligned} \tag{4.3}
$$

基于多重向量表达的多维矢量对象，其旋转、平移、缩放等变换均可对整个对象同时进行，不需要做出其他变换，拓扑关系的求解，则需要按照其层次结构依次求解，具体见 3.1 节。此外，其自身几何属性的计算也需要分解到相应的层次，但对于定性的计算可直接通过高维度的 blade 加以计算，从而获得较高的计算效率。

4.1.3　算法结构解析与空间分析

利用统一的几何代数表达进行几何问题的代数求解，其求解过程主要包含 4 个统一的步骤：提出问题、对象表达、问题的形式化表达和最终的问题求解。该过程具有较强直观性，它将复杂的几何判断与处理都交由前期的几何代数空间设置来决定，但前提是要对典型空间计算的流程进行解析，对其求解步骤加以分解，从而构建统一的空间分析流程。

1. *几何代数算法求解的一般流程*

几何代数算子的多维统一性使其可以直接用于多维对象计算，而无需根据对象维度分别处理，从而可构建简明、清晰、多维统一的矢量对象求解算法。图 4.3 为通过构建 CGA 空间中多面体的表达方法及算子集，实现复杂多面体对象间计算的形式化求解流程。

几何代数空间的构建首先需要确定空间的维度和基向量。空间维度须要结合具体的空间求解问题，包括问题对表达空间和运算空间的需求。由于 CGA 空间相对其他空间具有最高的表达自由度，其运算能力也最强，所以它也是最常使用的几何代数空间。该例根据对象维度构建了三维的 CGA 空间，进而按照 CGA 空间的度量特性设置 metric 矩阵，最后是特征子空间的生成和多重向量的定义，在三维 CGA 空间中，共有 5 个基向量，可求得的其特征子空间数为 $2^5 = 32$ 个，多重向量共有 32 个元素。

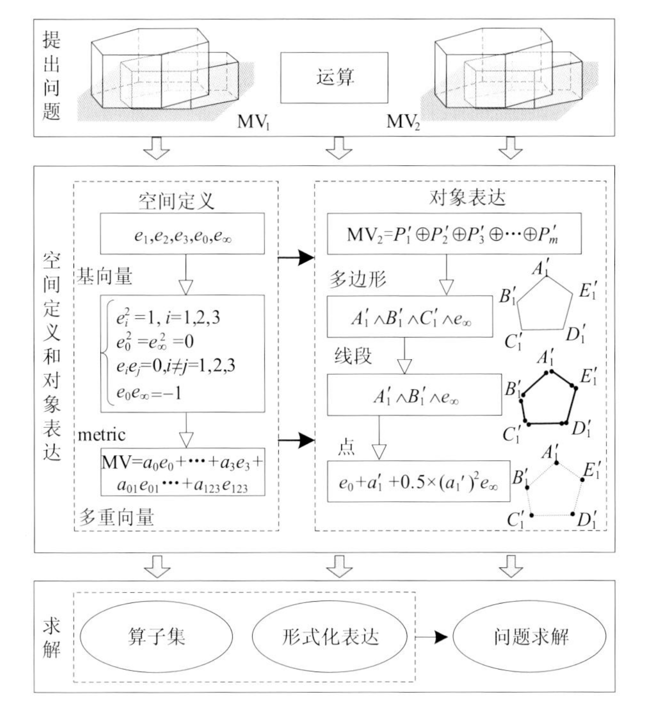

图 4.3 基于几何代数空间计算的一般流程

根据 CGA 中 blade 的表达，并结合前述章节中构造的 MVTree 表达，可以构造多面体的表达模式：首先，构建多重向量集合 MV_i，在 MV_i 集合中任意一个对象均为构成该多面体的特定多边形 P_i。采用外积构造点、线、面对象，并利用边界范围将其约束为点、线段与多边形。利用 CGA 中几何对象维度与 Grassmann 维度的一致性，实现点、线段与多边形的层次组织。在多面体的表达中，点、线段与多边形均用 blade 表达，且依据其层次关系组合形成最终的多面体多重向量几何代数表达。MVTree 不仅在维度结构上具有简明性，也为多维复合对象的统一表达与空间关系计算提供了完备的数据结构基础。

而后，利用几何代数算子集，对上述问题加以求解。同时，根据具体应用的需求还需要生成新的复合算子或对算子加以改造。例如，对于基本几何对象间交并关系的求解，点、线、平面、圆环、球面等一般 blade 可直接基于 meet 算子进行运算，而对于含固定边界的几何对象间交并关系，如多边形、多面体对象，除了先基于 meet 算子进行求交判断外，还需借助对象表达中所蕴含的几何属性特征，并定义一系列具有统一结构的关系判断算子，对无效结果加以筛选。详细流程可参照本书 3.2 节中对基于 MVTree 的 GIS 计算结构的描述。

最后，将 meet 求解结果重新投影回欧氏空间，由于几何代数求解的结果仍然为 GA 表达，需要将其投影到欧氏空间并对其代数表达加以解析，得到最终求解结果。可设计相应的语法解析器对 GA 表达加以解析并转换成对应几何对象或几何属性，得到最终的空间分析结果。

2. 空间分析算法的构建

对 GIS 空间分析模型的有效支撑是基于几何代数的多维空间计算方法体系构建的重要目标。利用几何代数优越的表达与计算能力，选取典型的空间分析模型，建立空间分析模型的解析、分割及几何代数重构方法，实现空间分析模型与基于几何代数的空间计算方法的耦合运行。现有 GIS 空间计算算法难以实现对不同类型、不同维度对象的统一表达与计算，在完备性和可实现性上也存在不足。基于几何代数的空间数据统一组织可实现不同类型、不同维度空间对象的统一表达，为多维统一空间计算提供基础。

图 4.4 为基于几何代数空间分析算法的构建流程。首先分析欧氏空间中典型空间计算模型的求解流程，由于几何代数表达内蕴空间对象属性，可直接将其中空间关系预处理步骤融合到几何空间计算过程中。利用几何代数多维统一的优势，对不同维度对象分别处理的步骤加以合并与优化。针对具体的空间分析问题，定义相应的几何代数表达与运算空间，构建多维空间对象的表达与映射机制，实现基于多重向量的多维对象的层次表达。利用几何代数丰富的算子算法库，对空间计算流程的关键步骤加以分析求解，形成空间计算求解的复合算子，为多维统一的空间计算提供支撑。按照空间计算的一般流程，结合上述空间表达与空间计算算子，实现多维空间对象空间分析算法的构建。

3. 空间分析算法实现与案例

选用某地三维小区数据，对上述算法加以实现。首先是数据的读取与表达，其结果如图 4.5 所示。图 4.6(a)中显示为地理对象的多重向量存储结构及其几何代数表达，图 4.6(b)为选取场景中两对象并计算其距离关系的结果。由于不同维度的几何对象均集成于同一地理场景中，因此对象检索可同步处理点、线、面、体等多种几何对象。几何代数表达的多维统一性与融合性使得不同维度几何对象在表达形式上具有一致性，可实现兼顾多维几何对象类型与维度的统一检索与运算。可见该方法可以较好地重建出复杂的地理场景，可支撑多维对象的建模与表达。

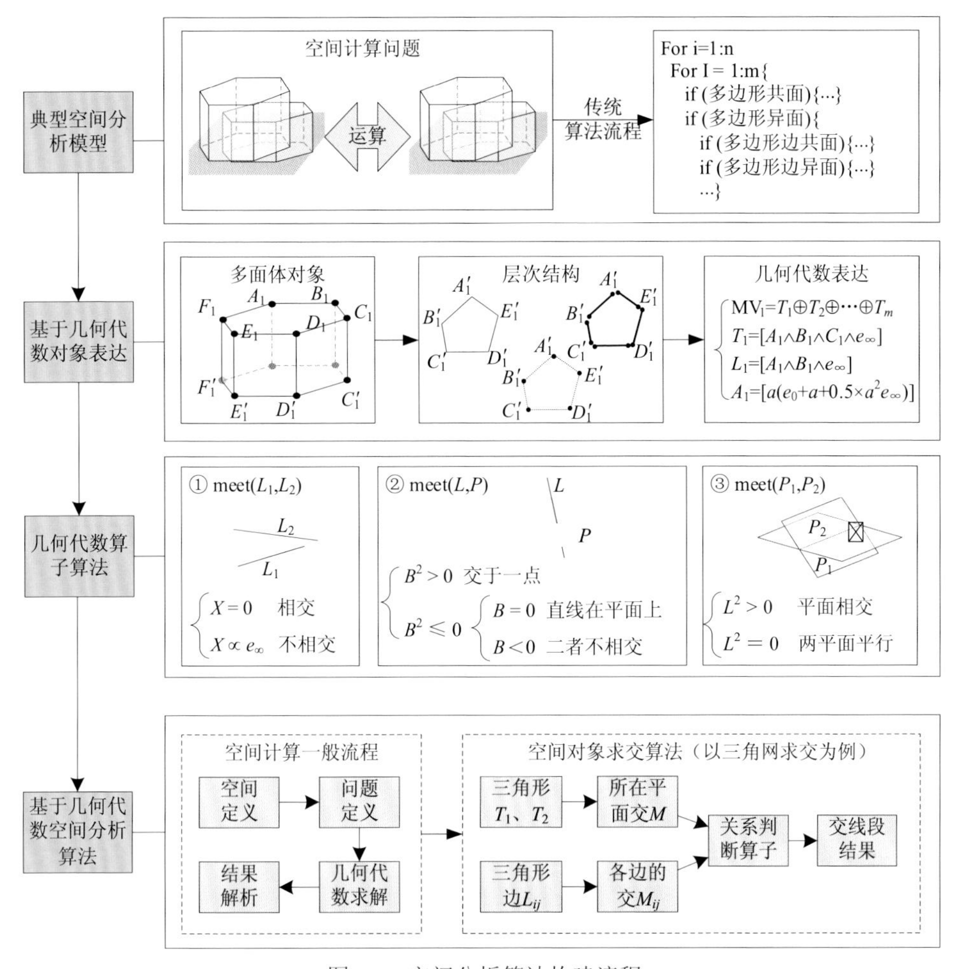

图 4.4 空间分析算法构建流程

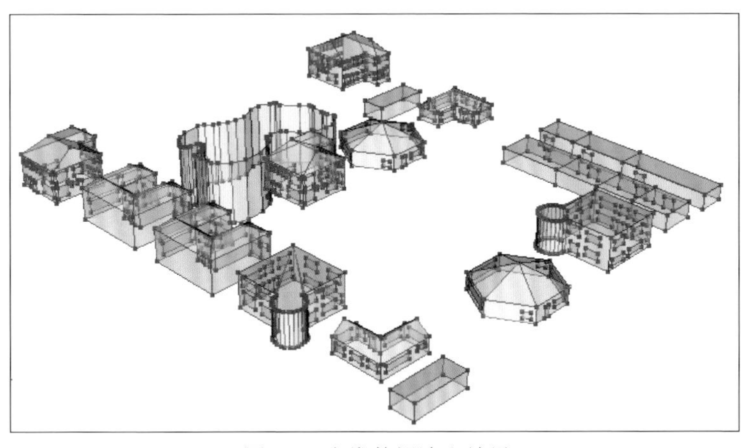

图 4.5 多维数据读取结果

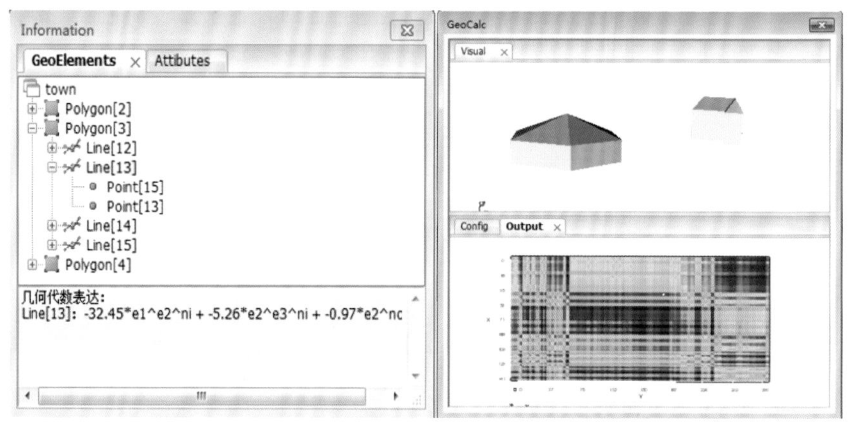

(a) 对象的多重向量存储结构及其几何代数表达　　(b) 对象间多维统一运算

图 4.6　多维数据的几何代数表达与分析

几何代数空间中的 versor 算子可实现地理对象变换的统一，从而可实现场景的动态管理，基于 versor 算子的指数形式，还可实现运动状态的无缝插值。图 4.7 为对房子对象反解 rotor，并进行无缝插值的结果。为演示基于 versor 的事件表达，构建虚拟的场景事件表[图 4.8(b)]，并将其应用于多维场景数据中，变换结果如图 4.8(c)所示。利用 versor 积的性质可插值得到变换的中间过程，对于场景中的不连续变换，通过状态表来表达，两不同状态间的关系可通过算子算法库中的对象关系求解算子进行运算，其结果如图 4.8(d)所示。

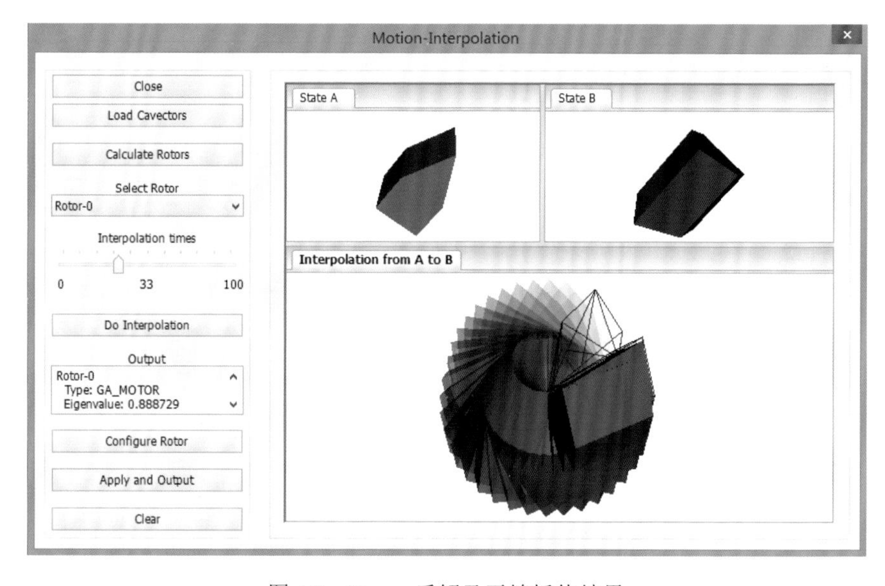

图 4.7　Versor 反解及无缝插值结果

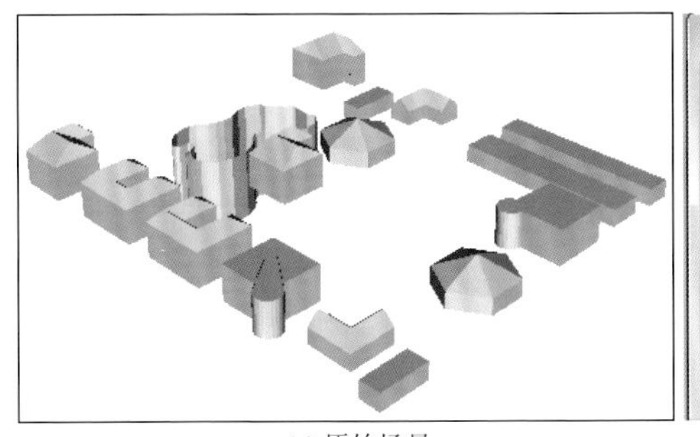

(a) 原始场景

eventTable

	_Time	E_Time	Event	Descriptic
1	3	3	1.00-1.25*e1·	平移
2	10	15	0.94-0.34*e1·	旋转
3	4	8	0.94-0.34*e1·	旋转
4	10	10	1.00-1.25*e1·	平移
5	9	9	1.00-1.25*e1·	平移
6	9	1	string	标识
7	17	22	1.00-1.25*e1·	平移

(b) 事件表

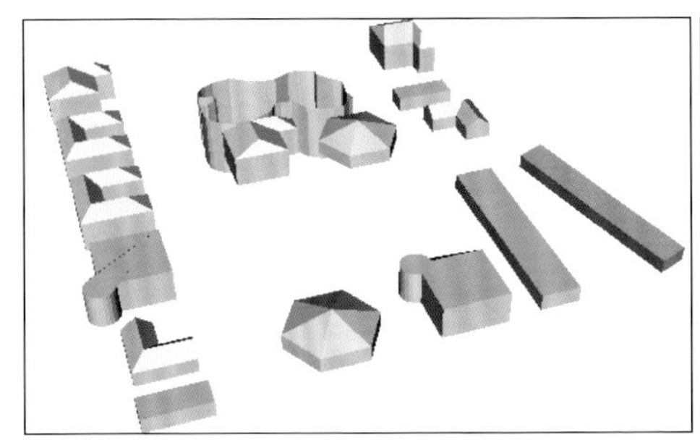

(c) 经过旋转事件后的结果

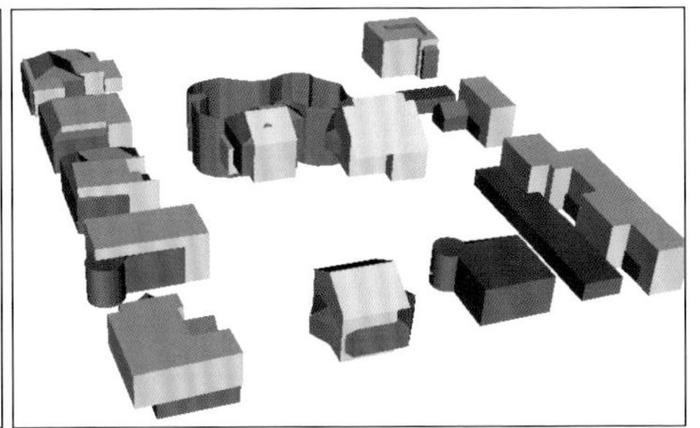

(d) 不同时间点变化分析

图 4.8　数据变换插值与分析

4.2　基于几何代数的高维场数据分析方法

4.2.1　高维场数据运算空间构建

时空场数据组织具有较强的规律性，其关键问题在于如何较好地处理海量数据以及如何有效支撑时空特征分析。几何代数将维度纳入其运算体系，实现对标量场、矢量场和多重向量场的统一，为具有多维特征的时空场数据的分析提供理论基础。按场数据的密集程度及时空维度的对称关系，分别采用点云和多维时空立方体的组织方式。点云结构可用于具有不规则边界以及多个不同的属性字段的时空场数据，而多维时空立方体结构则更多地用于相对较为规则或时间、空间对称的数据。

给定几何代数空间 $Cl(n)$，时空场 F 中的任一向量 a 可定义为 $a = x_a e_1 + y_a e_2 + \cdots + w_a e_n$，其中 $e_1, e_2, \cdots, e_n$ 为几何代数空间的基向量，$x_a, y_a, \cdots, w_a$ 为 a 在各基向量上的投影大小。从多重向量的定义可得到时空场几何代数空间中的多重向量表达为

$$M = \sum_A M_A e_A = \langle M \rangle_n + \langle M \rangle_s + \cdots + \langle M \rangle_t \tag{4.4}$$

式中，$A = \{n, s, \cdots, t\}$。可定义以多重向量为基本元素的多重向量函数 $f(M)$ 为

$$f(M) = \sum_A f_A(M) e_A \tag{4.5}$$

上式实现了不同维度时空场的统一表达，为时空场特征的表达与计算的统一提供了支撑。

4.2.2　特征子空间的投影与运算

散度和旋度是反映场强度与空间结构特征的常用指标，作为两个相互独立的运算，具有丰富的物理内涵，不仅描述了向量场自身的拓扑结构，还可揭示不同场之间的相互关系(Chen et al.，2010)。在几何代数空间中，散度和旋转不仅可表达为场强度向量的空间微分，也可表达为高维场空间中特征子空间的投影，并可统一至几何积运算，从而统一了场特征参数的表达与计算。

1. 作为子空间的特征参数投影

梯度、旋度和散度是向量场最基本的三个特征参数(Marsden and Tromba，2003)。在向量微积分中，向量场的梯度是一个向量场，标量场中某一点的梯度指该点函数的最大变化率方向，即场中变化最快的方向，是与等值线(面)相垂直的方向。对整个向量场的每个点进行点乘运算，得出新的标量场，称作原来向量场的散度。散度是标量，物理意义为通量源密度。散度为零，说明是无源场；散度不为零时，则说明是有源场(有正源或负源)。旋度通常用来指代向量场的旋转特性，可通过两向量叉乘获得。旋度为零，说明是无旋场；旋度不为零时，则说明是有旋场(Ebling and Scheuermann，2003)。

基于多重向量函数，可定义诸如微分、积分等运算算子，实现对多维向量场的统一计算。多重向量函数 f 的向量微分定义为：$a \bullet \nabla f(x) = \lim_{\varepsilon \to 0} \frac{f(x + \varepsilon a) - f(x)}{\varepsilon}$，其中，$a \bullet \nabla$ 为标量，基于几何代数的向量微分的主要性质为(罗文等，2013)

$$\begin{cases} \nabla f = \nabla a (a \bullet \nabla f) \\ \nabla(fg) = \dot{\nabla}(\dot{f}) g + \dot{\nabla} f \dot{g} = (\dot{\nabla} \dot{f}) g + \sum_{k=1}^{n} e_k f(\partial_k g) \\ a \bullet \nabla f = \{a \bullet \nabla \lambda(x)\} \frac{\partial g}{\partial \lambda}, \nabla f = (\nabla \lambda) \frac{\partial g}{\partial \lambda} \end{cases} \tag{4.6}$$

再将上述内积与外积的表达写成几何积的形式，可得到基于几何积的特征参数的统一计算公式为

$$\begin{cases} \nabla(\phi) = \left(\dfrac{\partial}{\partial e_1}\Phi, \dfrac{\partial}{\partial e_2}\Phi, \dfrac{\partial}{\partial e_3}\Phi \right) \\ \mathrm{div}(v) = \nabla \bullet v = \dfrac{1}{2}(\partial v + v\partial) \\ \mathrm{curl}(v) = \nabla \wedge v = \dfrac{1}{2}(\partial v - v\partial) \end{cases} \tag{4.7}$$

由于几何积统一了内积和外积运算，利用取维度算子“$\langle\ \rangle_n$”，式(4.7)中散度和旋度的求解，也可写成如下形式：

$$\begin{cases} \mathrm{div}(v) = \nabla \bullet v = \langle \nabla v \rangle_1 \\ \mathrm{curl}(v) = \nabla \wedge v = \langle \nabla v \rangle_2 \end{cases} \tag{4.8}$$

则旋度和散度可认为是梯度及所求向量构成的几何代数空间中的一维和二维的特征子空间，从而将二者统一于几何积运算。可以看出，基于几何代数的梯度、散度和旋度的表达，更为清晰地揭示了三者之间的物理意义与相互转化关系，在几何代数中，梯度、散度和旋度都统一于几何积，其几何意义明确，且运算具有坐标无关性，从而为基于几何代数的特征参数统一计算提供了理论支撑。

2. 特征参数几何代数统一计算

地理现象的时空异质性使得很难用连续函数描述向量场，一般将其表达为离散形式，因而无法直接应用上述公式进行向量场特征参数的计算。在上述特征参数的计算中，向量场的梯度是其他两个参数的基础，且梯度的计算可以通过构建梯度卷积模板加以实现。设 f 和 g 分别为待计算梯度的原始数据和梯度卷积模板，则基于卷积的梯度计算公式如下：

$$\nabla f = (f * g)(n) = \sum_{k=1}^{n} f(x)g(x-m) = \sum_{k=1}^{n} f(x-m)g(x) \tag{4.9}$$

常见的梯度卷积模板主要包括中心梯度、前向梯度和后向梯度三类[图 4.9(a)～(c)]，分别代表不同主导方向上的梯度计算。由于上述三类模板均具有较强的方向特性，为此在综合上述三类模板的基础上，构建本书所使用的向量卷积模板如图 4.9 所示。以 3×3 的模板为例，可构建如下的二维卷积模板进行微分的计算：

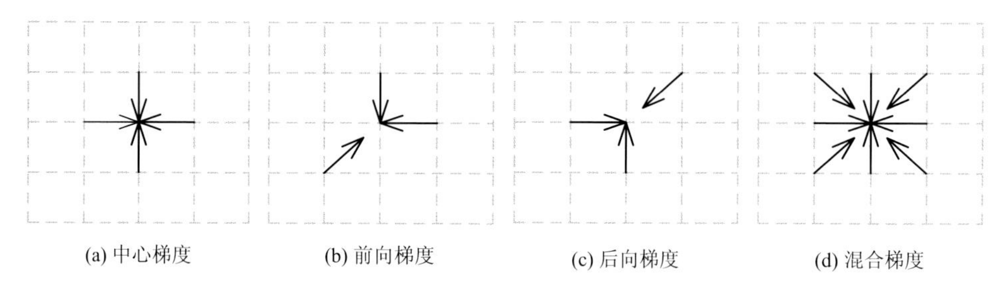

图 4.9　矢量场的卷积模板

$$\begin{pmatrix} (-\sqrt{2}/2,\sqrt{2}/2) & (0,-1) & (\sqrt{2}/2,\sqrt{2}/2) \\ (-1,0) & (0,0) & (1,0) \\ (-\sqrt{2}/2,-\sqrt{2}/2) & (0,-1) & (\sqrt{2}/2,-\sqrt{2}/2) \end{pmatrix} \tag{4.10}$$

结合模板卷积的定义，通过多重向量的取 grade 运算$\langle\rangle_n$可进一步将 v 点的散度和旋度表达成卷积形式：

$$\begin{cases} \operatorname{div} v = \langle \nabla * v \rangle_0 \\ \operatorname{curl} v = \dfrac{1}{i}\langle \nabla * v \rangle_2 \end{cases} \tag{4.11}$$

式中，$\nabla * v$ 表示 Clifford 卷积。从内积、外积的几何意义上看，旋度作为二重向量，指代的是最大旋转平面，而散度作为标量则可以标定场同模板间的夹角大小，可将其理解为与模板的相似度。

在空间无界的假设情境下，任何向量可由它的散度和旋度唯一确定(Cheng，1983)。然而，现有散度和旋度等向量场特征参数多是在特定的坐标空间(如笛卡儿直角坐标空间或是柱面、球面空间)分别进行计算，并需根据问题分析需求建立相应坐标系中的散度和旋度运算关系(Ma and Wang，2002)。以此发展的各类常用的向量场特征参数的计算方法，如网格法(Hyman and Shashkov，1997)、三角形法(尚可政等，1999)等，难以直接实现对散度、旋度等表征参数的统一计算，也难以实现坐标无关计算，不仅割裂了两者之间的有机联系，也大幅增加了算法的复杂度。以几何代数为基础工具，构建的以几何微分为基础的时空场特征参数统一了子空间表达。利用几何积有机连接散度和旋度，赋予两者以明确的几何意义，并在此基础上构建了向量场特征参数的统一计算方法。基于上述特征参数统一表达，有望以几何代数为基础，构建更为复杂的，诸如结构特征提取、解析与分类等向量场数据分析方法。

4.2.3 场数据维度优化重组与计算方法

基于上述时空场数据的表达与存储方法，设计基于几何代数的时空场数据的统一分析框架(图 4.10)。在数据转换层面，通过几何代数空间构建，实现时空场数据向几何代数空间的映射与转换；而后根据几何代数的基础理论，结合时空场数据特征，设计一系列的算子算法库，对几何代数空间中的对象进行统一操作与运算，从而实现基于几何代数的地学分析功能；进一步提取时空场数据的基本参数，并根据此基本参数设计特征匹配所需模板；最后对数据运用模板，利用 Clifford 卷积求得时空场中具有显著物理意义的时空过程演化特征。

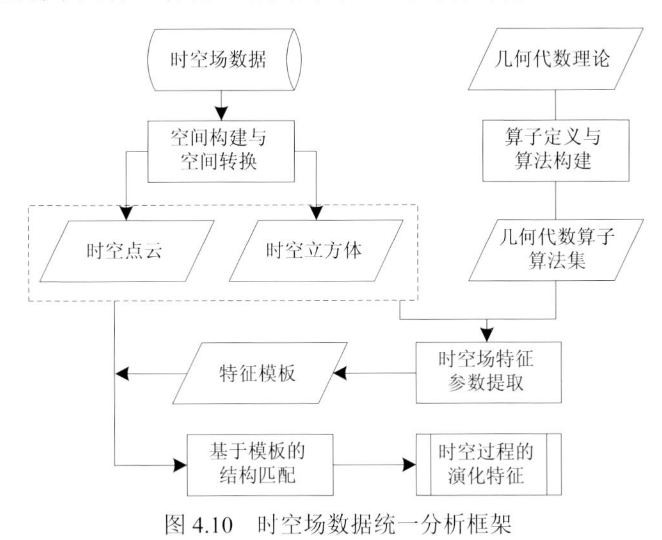

图 4.10 时空场数据统一分析框架

1. 算子与算法集

面向时空场的多维统一分析算子库是支撑时空场数据分析的重要基础，该算法库在几何代数基本算法库的基础上，添加了场微分、积分算子，特征参数度量与特征结构求解算子，从而实现多维场数据的表达、存储与分析算子库的构建。场分析的主要几何代数算子如表 4.1 所示。

表 4.1 场分析的主要几何代数算子

Clifford 代数算子		描述
微分积分	微分算子	基于 Clifford 积的传统微分表达
	外微分算子	基于外积的传统微分的高维扩展
	协变微分算子	任意切向量方向上的微分
	积分算子	微分的逆变换算子

续表

Clifford 代数算子		描述
运动表达	平移	向量场及标量场的平移表达与计算
	旋转	向量场及标量场的旋转表达与计算
	反射	相对高维抽象几何对象的反射运算
特征度量	距离算子	时空数据对象间的距离计算
	角度算子	时空数据对象间的角度计算
	梯度算子	变化率大小及方向的表征物理量计算
	旋度算子	旋转程度大小及方向的表征物理量计算
特征解析	散度算子	集聚或辐散程度的表征物理量计算
	卷积算子	向量型及标量型时空数据的卷积运算算子
	相关算子	向量型及标量型时空数据的相关运算算子

2. 典型计算框架

1)特征参数统一计算

基于上述思路构建基于几何代数的时空场特征参数统一计算流程：

(1)对原始向量场数据进行筛选与检索，并根据数据质量与分析需要对数据进行预处理(去噪、剔去异常值等)；

(2)根据原始向量场坐标，构建几何代数空间，利用坐标基替换进行空间转换，将原始数据转换至几何代数空间；

(3)根据窗口大小以及运算参数，构建微分计算模板，进行卷积计算获得向量场的几何微分场；

(4)利用所计算的几何微分场，计算原始向量场的散度和旋度；

(5)对计算结果进行校验与判定，输出相关结果，并进行可视化。

针对上述算法实现，构建相应的数据结构与支撑类库，以点云类(CPointCloud)和时空立方体类(CStCube)为基础数据类型，并利用多重向量类(CMultiV)实现对多维场数据的统一表达与计算。设计特征参数计算接口 CCharacteristicCalc，实现特征参数的统一计算。通过调用多重向量类 CMultiV，对时空场数据进行空间转换与编码，形成可用于支撑几何代数运算的多重向量，进而实现支撑时空场数据分析的各类几何代数算子算法，构建时空场特征参数计算流程，进行梯度、散度和旋度计算，再将最终结果投影回现实空间，并以 CPointCloud 和 CStCube 形式进行存储，以支撑进一步的分析与计算。

2)结构模板匹配算法

在矢量场数据的模板匹配算法中，卷积模板的方向反映其几何结构特征，因而模板方向选取关系到匹配结果的准确性与有效性。Ebling 和 Scheuermann(2006)曾给出了基于矢量场进行模板卷积的一般表达，并构建了适用于辐散辐合分析的标准模板。然而其对模板与原始数据角度的处理较为主观，缺乏自适应性。而结构自适应的辐散辐合模板卷积算法，则可根据所需匹配数据的不同动态更新卷积模板，最大限度地揭示原始矢量场的结构特征(罗文等，2012)。向量场模板求解与匹配流程见图 4.11。其思路为：首先利用基本模板与卷积窗口中的时空场数据进行基于 rotor 的局部拟合与逼近，得到数据自适应的匹配模板；然后计算匹配模板与卷积窗口中原始时空场的 Clifford 卷积；最后基于可反映时空场结构特征的 rotor 旋转角度对原始场结构进行分类，并利用卷积结果求得原始场同各类匹配模板的相似性程度，确定原始时空场数据运动的方向性，实现原始时空场数据的聚散、聚合等趋势性特征判定。

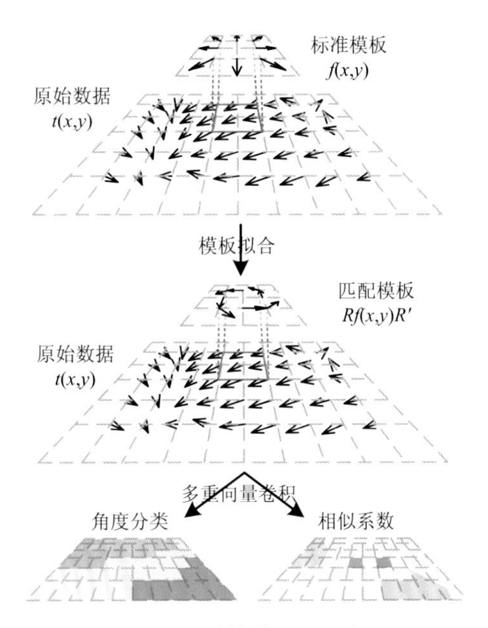

图 4.11 结构模板匹配流程

3) 基于 Clifford 卷积的模板匹配运算

卷积作为“滑动平均”的推广可用于场数据的滤波处理、相似性度量与特征提取等(Mawardi and Hitzer，2006)。任意两向量场 $f(x)$ 、 $g(x)$ 间的卷积运算表达为

$$(f*g)(n)=\sum_{k=1}^{n}f(x)g(x-m)=\sum_{k=1}^{n}f(x-m)g(x) \tag{4.12}$$

根据卷积定律，两向量场间的卷积运算可转换成其各自傅里叶频率域的乘积，

因而上述 Clifford 卷积可通过向量场的 Clifford 傅里叶变换快速求解。标量场中的傅里叶卷积多是通过快速傅里叶变换(FFT)来实现，此处需要定义 Clifford FFT。Mawardi 和 Hitzer(2006)构建了 Clifford FFT 表达：

$$\begin{cases} F_b\{f\}(\omega) = \int_R f(x)\mathrm{e}^{-\mathrm{i}\omega x}\mathrm{d}x \\ F_{G^3}\{f\}(\omega) = \int_{R^3} f(x)\mathrm{e}^{-\mathrm{i}_3\omega\cdot x}\mathrm{d}^3x \\ F_{G^n}\{f\}(\omega) = \int_{R^n} f(x)\mathrm{e}^{-\mathrm{i}_n\omega\cdot x}\mathrm{d}^nx \end{cases} \tag{4.13}$$

基于上述表达的线性特征，可将 Clifford FFT 分解成 4 个复信号的 FFT 运算：$f = [f_0 + f_{123}\mathrm{i}_3] + [f_1 + f_{23}\mathrm{i}_3]e_1 + [f_2 + f_{31}\mathrm{i}_3]e_2 + [f_3 + f_{12}\mathrm{i}_3]e_3$。由于复信号具有可加性，因此，任意 G_3 空间的 Clifford FFT 即可表达为

$$F_{G^3}\{f\} = F[f_0 + f_{123}\mathrm{i}_3] + F[f_1 + f_{23}\mathrm{i}_3]e_1 + F[f_2 + f_{31}\mathrm{i}_3]e_2 + F[f_3 + f_{12}\mathrm{i}_3]e_3 \tag{4.14}$$

式(4.14)中 4 个 FFT，均可直接运用现有的复 FFT 算法进行快速计算。基于式(4.14)可知任意两多重向量场 F 、H 间的 Clifford 卷积可以表达为

$$\{H * F\}(u) = IF(F\{H\}(u)F\{F\}(u)) \tag{4.15}$$

3. 案例与结果分析

采用 Matlab 中 Wind 数据集作为测试数据对上述算法进行验证。该数据为 35×41×15(纬度×经度×高程)的北美洲上空风场数据，为验证本书算法的多维统一性，从中选取风场底层截面(高程为 0)，作为二维向量场数据，不同高度数据集合则构成一个三维向量场。场旋度与散度的计算流程如下：

(1)几何代数空间构建，将 Wind 数据转换为几何代数空间中的向量场；

(2)选取 3×3 的微分模板对 Wind 场做卷积运算，为了提高运算效率，可采用 Clifford FFT 算法进行快速卷积求解(Ebling，2005)；

(3)利用 grade 提取算子 $\langle\rangle_1$ 和 $\langle\rangle_2$ 分别提取结果场中的一维分量和二维分量，即为散度结果和旋度结果。

上述算法具有多维统一性，分别对二维场和三维场应用上述算法，其二维场结果如图 4.12(a)和(b)所示。图中箭头长短代表梯度数值大小，箭头方向代表该格点处梯度的方向。从数值计算结果看，本书计算得到的二维散度可以较好地揭示北美洲风场在空间的通量密度，而旋度则较好地表现了较大尺度上的气旋型结构，这与该数据自身的结构是一致的。三维的旋度和散度则很好地再现了原始风场的空间与垂直分布，其中风场复杂的湍流结构也得到了较好的显示[图 4.13(a)和(b)]。

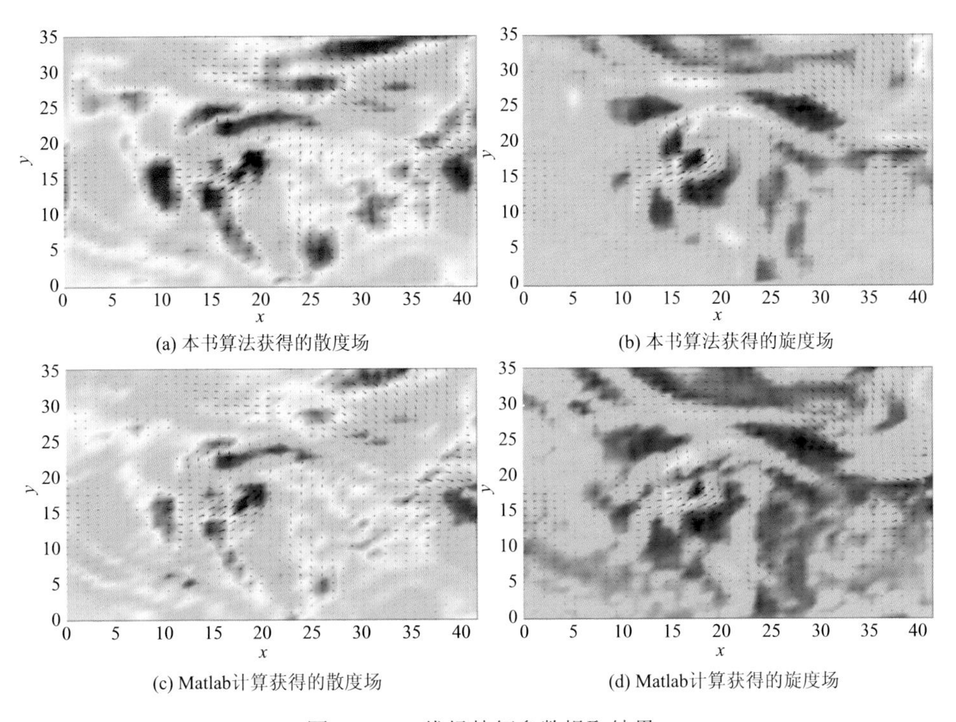

(a) 本书算法获得的散度场　(b) 本书算法获得的旋度场

(c) Matlab计算获得的散度场　(d) Matlab计算获得的旋度场

图 4.12　二维场特征参数提取结果

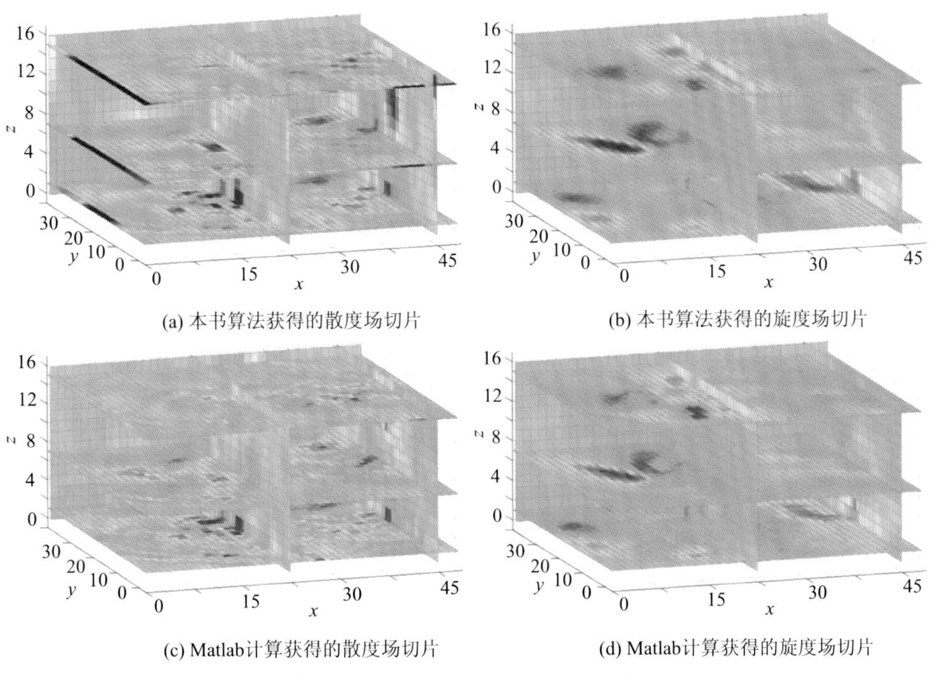

(a) 本书算法获得的散度场切片　(b) 本书算法获得的旋度场切片

(c) Matlab计算获得的散度场切片　(d) Matlab计算获得的旋度场切片

图 4.13　三维场特征参数提取结果

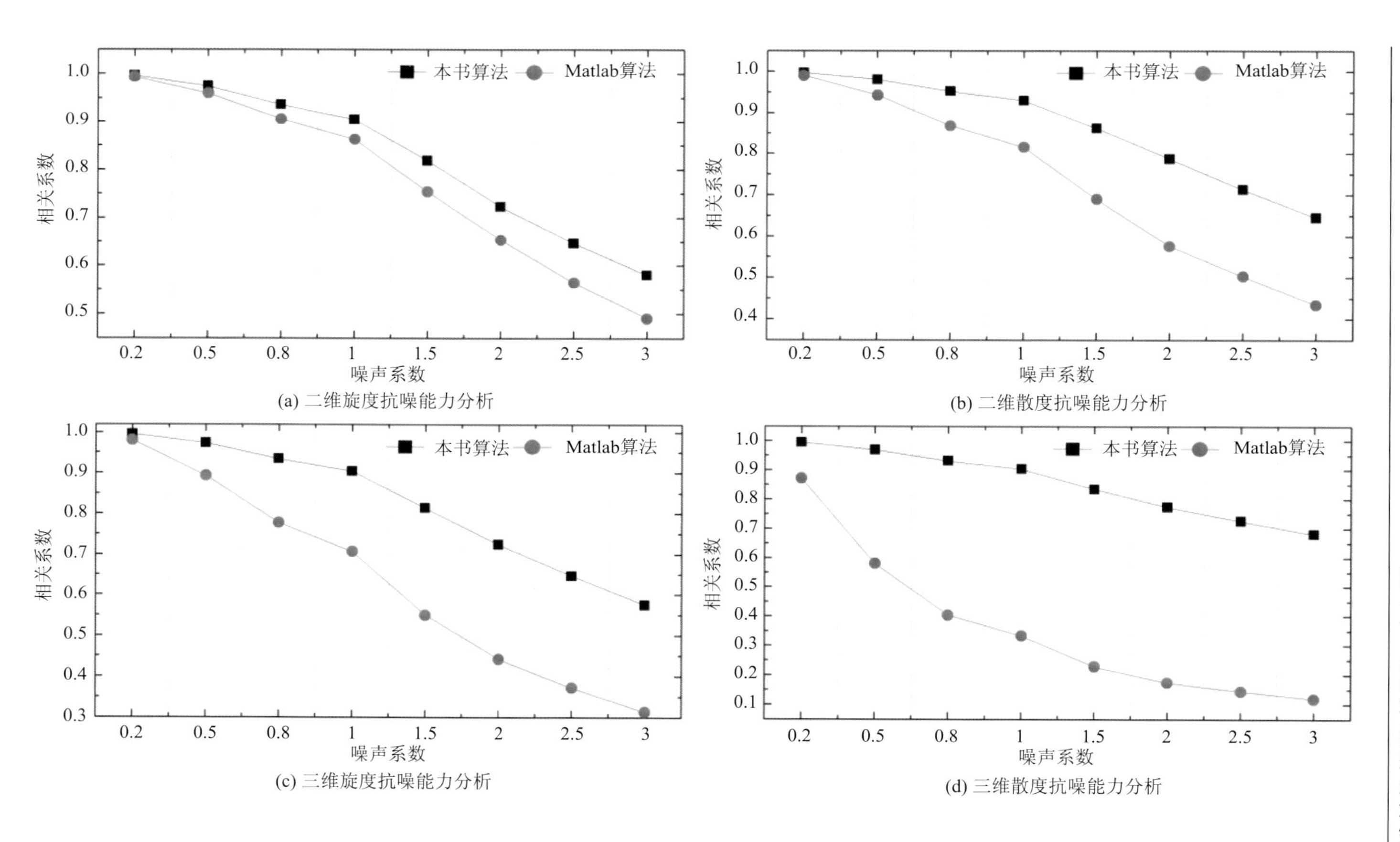

图 4.14　添加噪声后的场旋度与散度计算误差

由于现实测量获得的向量场数据多包含有较多的噪声，传统的向量微积分方法对噪声具有较高的敏感度，含有噪声数据的计算误差较大。通过对原始向量场数据增加噪声，进行噪声实验，以验证本书算法的稳健性与鲁棒性。分别利用Matlab和本书算法计算所获得的散度与旋度系数的标准化相关系数(图4.14)。可见本书算法具有较好的抗噪声能力，在添加一倍标准差噪声时，二维、三维旋度和散度的相关性均在0.9以上。相比而言，基于Matlab的散度和旋度计算方法，二维场的相关性在0.8左右，三维数据则仅为0.35。在添加三倍标准差噪声时，本书算法相关性仍在0.57以上，而基于Matlab的方法均低于0.5，三维数据散度结果则低于0.1。从误差曲线的构形看，无论是二维、三维数据还是散度和旋度，本书算法的误差曲线构形均较为一致，而基于Matlab计算获得的误差曲线构形差异相对较大。总体上，本书算法具有较强的抗噪能力，在算法结构与结果上均表现出稳健性和鲁棒性特征。

据图4.11中的结构模板匹配流程，选用由CER-SAT发布的1/4度格网的全球风场数据[①]，并选定一窗口模板，做特征模板匹配，分析其在ENSO(El Niño-southern oscillation)事件影响下的全球风场分异规律。选择2001年12月的月均数据为研究数据，模板区域为Niño3.4区(5°N~5°S，170°W~120°W)，原始数据与特征模板的结果如图4.15所示。求解出来的结构分布特征如图4.16所示，其中(a)为结构相似度，(b)和(c)分别反映其同标准模板旋转过的角度和旋转平面，(d)为综合以上系数的结果。结果表明，选用赤道太平洋受ENSO事件影响明显的Niño3.4区作为模板，可以提取出整体海面受ENSO影响的区域及强度大小，可对场的结构特征加以分析与匹配。

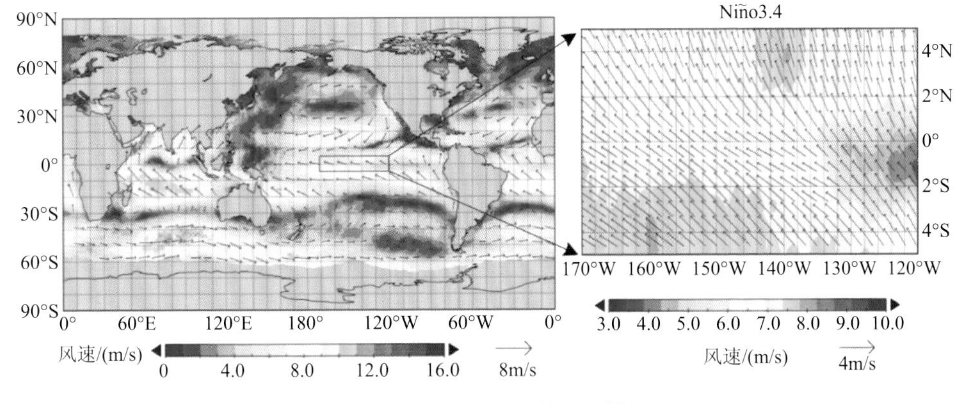

图4.15　原始向量场数据及模板

① http://cersat.ifremer.fr/。

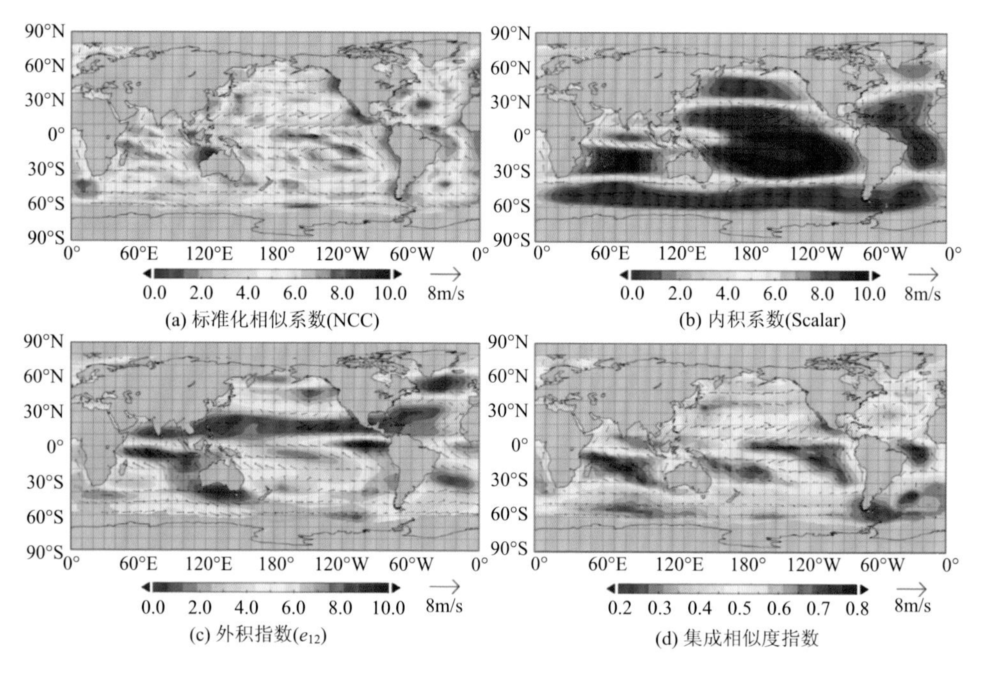

图 4.16　原始向量场数据及模板匹配结果

4.3　基于几何代数的网络表达与分析方法

几何代数以维度运算为基础,具有优越的数学空间表达与几何关系计算能力。利用几何代数基向量构建网络节点，进而利用基本维度运算进行网络中路径的延拓及连通性的判定，并可构建基于几何代数的网络约束统一嵌入方法，从而为面向三维复杂地理场景的网络分析算法的构建提供了新的数学工具。

4.3.1　网络空间构建与路径运算

1. 网络的几何代数运算空间

设 $G(V,E)$ 为包含 n 个顶点的网络，$\left\{e_{\{1,2,\cdots,i\}}\right\}, 1 \leqslant i \leqslant n$ 是 Cl_n 空间中的向量集合，定义网络 G 的 Clifford 邻接矩阵为

$$A_{ij} = \begin{cases} e_j, & 若(v_i, v_j) \in E \\ 0, & 其他 \end{cases} \tag{4.16}$$

式(4.16)将网络中结点关联关系转换为 Clifford 空间中的向量,据此可以得到给定网络的 Clifford 邻接矩阵(图 4.17)。在网络邻接矩阵中，任一节点对应的列向量

和行向量分别代表了以该节点为起点和终点的路径信息。因此利用网络邻接矩阵与自身的外积运算来获得整个网络上任意节点的路径延拓信息。图 4.18 给出了一个简单网络的几何代数编码及其基于外积的路径延拓过程。在网络邻接矩阵自身外积结果矩阵的第 i 行第 j 列的元素记录了从结点 i 到结点 j 的所有路径信息(多条路径间以“+”连接)。可见，任意经过 k 个节点(实际路径长度为 $k+1$，此处省略终点)的所有路径均可通过 A^k 直接获得，实现了网络中节点、路径等对象的统一表达与计算。

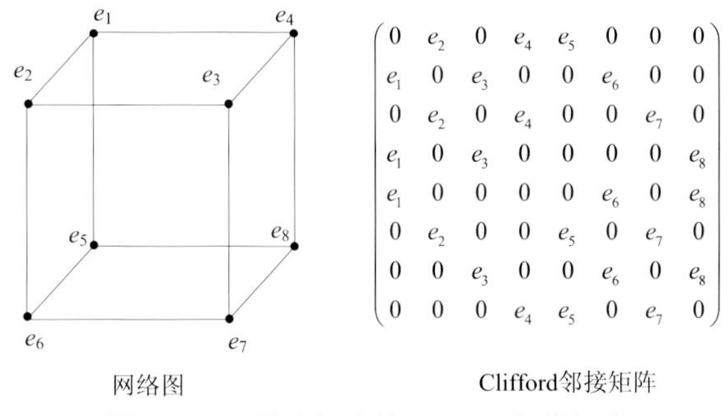

图 4.17 三维空间中的 Clifford 邻接矩阵

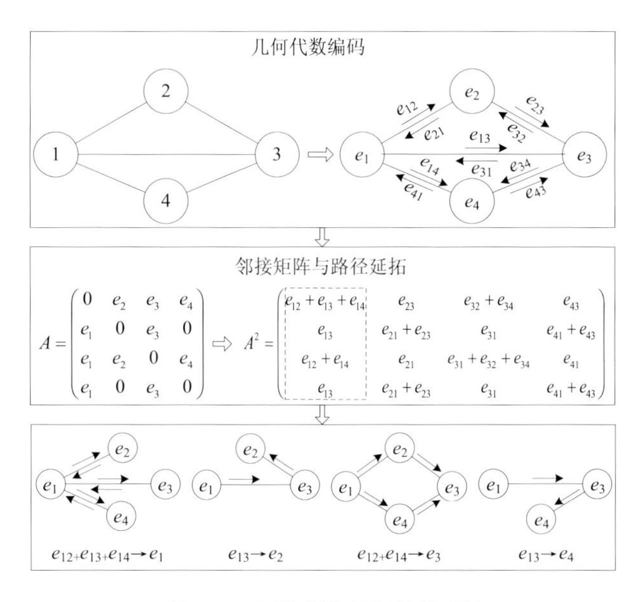

图 4.18 网络图的几何代数表达

2. 基于几何代数的网络延拓

在几何代数中，外积可用于维度扩张，假定 $u=(u_1,u_2,\cdots,u_n)$，则有

$e_u = e_{u_1} \wedge e_{u_2} \wedge \cdots \wedge e_{u_n}$，且有运算规则：

$$e_u \wedge e_v = \begin{cases} e_{uv}, & \text{当} u \cap v = \varnothing \\ 0, & \text{其他情况} \end{cases} \tag{4.17}$$

当u,v满足正交性条件时，其结果为$u+v$阶的 blade，表达了包含$u+v$个结点的路径，符合路径扩张的几何意义。因此在基于几何代数的网络表达中，可以利用外积运算来进行路径延拓(图 4.18)。

3. 网络延拓的连通性规则

在进行网络结构约束嵌入前，网络必须要满足连通性规则，它也是网络延拓过程的基本约束。基本的网络连通性表达结构主要有邻接矩阵与邻接表两种类型。邻接表是基于关系的存储方式，对计算的支撑不足，而邻接矩阵由于只表达节点间的邻接关系，在计算效率与灵活性上也存在缺陷(陆峰，2001)，此处将邻接矩阵向路径集矩阵扩展，构建路径邻接矩阵M^n，其定义为

$$M_{ij}^n = \begin{cases} \langle M_{ij} \rangle_n, & i,j\text{间}n\text{阶连通} \\ 0, & i,j\text{间}n\text{阶不连通} \end{cases} \tag{4.18}$$

式中，n指当前矩阵阶数；$\langle\ \rangle_n$为取维度算子，表示取出维度为n的路径，n阶连通是指路径通过n个节点相连。该表达可以清晰地反映节点间的连通性及连通结构特征。由于路径拓展可看作是外积运算，即矩阵中的元素始终为多重向量，邻接矩阵运算满足结合律，即有：$M^n = M \wedge M \wedge \cdots \wedge M$。上述表达定义了内蕴网络连通性的计算结构，使得路径连通性与权重的表达相对独立，从而可以随时根据权值的改变来筛选最优路径，提高了路径存储与运算的灵活性和动态性。

4.3.2 网络约束嵌入与路径计算

1. 网络权重表达

地理网络的权重特性是其区别于一般抽象网络的基本特征，网络表达过程中权重的处理与集成对网络路径规划分析算法的性能和效率有重要影响。对于一般的地理网络，每条网络边上可能包括了路径长度、花费、路径类型、通过性等不同类型的网络权重。从分类上看，网络权重信息可以分为数值型权重和非数值型权重，由于非数值型权重可以在网络预处理过程中直接进行筛选(陆峰，2001；Neve and Meghem，2000)，本书仅考虑如何在基于几何代数的网络表达中对数值型权重进行表达与嵌入。

在基于几何代数的网络表达中，可以通过在表达网络各元素的 blade 前添加

系数进行对象权重的表达。以式(4.17)为基础，对各节点/路径赋予权重信息。当 e_i 和 e_j 权重分别为 m 和 n 时，其外积表达为

$$me_i \wedge ne_j = (m * n)e_{ij} \tag{4.19}$$

直接基于外积的权重表达在路径延拓过程中表现为乘积关系，可用于乘性权重表达(如损耗率)，而常见的权重计算与约束多表现为加性(如时间、距离等)，因此可以引入指数变换：$g_{ij} \mapsto \exp(g_{ij})$，将权重信息转化为加和关系。此时，包含权重运算的网络路径延拓可表达为

$$\exp(n)e_i \wedge \exp(m)e_j = (\exp(n+m))e_{ij} \tag{4.20}$$

式(4.17)与式(4.20)中权重的计算与路径连通关系的计算均是独立的，且均统一至外积运算中，当任意网络对象权重包含多个不同类型的权重时，其计算也相对独立，并可统一至外积运算中，因此可构建网络多权重嵌入模型：

$$< w_1^*, w_2^*, \cdots, w_m^* > \exp(< w_1^+, w_2^+, \cdots, w_n^+ >)e_f \tag{4.21}$$

式中，w_m^* 为第 m 个乘性权重；w_n^+ 为第 n 个加性权重；e_f 为与上述权重对应的网络对象。基于式(4.21)即可实现在路径延拓与搜索过程中权重信息的同步计算，并可通过在算法实现过程中，引入多重链表，实现对节点、路径和权重的统一关联与整体维护，在简化路径运算的同时，降低程序的结构复杂度。

2. 网络权重约束嵌入

对于网络图 $G(V,E,w)$，给定网络起点 i 和终点 j，多权重约束最佳路径模型可表达为

$$\min_{\substack{x \in G \\ \text{s.t.} g(x_{ij}) \in G}} f = \begin{cases} \min f_1 = \sum\limits_{n=i}^{j-1} x_{ij} t_{ij} (n \to (n+1)) \\ \min f_2 = \sum\limits_{n=i}^{j-1} x_{ij} d_{ij} (n \to (n+1)) \\ \min f_3 = \sum\limits_{n=i}^{j-1} x_{ij} R_{ij} (n \to (n+1)) \\ \qquad \cdots \end{cases} \tag{4.22}$$

式中，t_{ij} 、d_{ij} 、R_{ij} 分别为从起点 i 和终点 j 所需要的时间、距离及危险性的大小；$g(x_{ij}) \in G$ 为需要满足的约束条件。上述模型构成了多目标约束最优路径求解的一般模型。

在上述多目标约束最优路径求解模型中，传统的处理方法多针对不同的目标

函数和约束条件，利用特定的优化算法进行求解。然而，多数优化算法难以同时顾及由于时间动态变化引起的网络结构以及通行能力等方面的变化，从而导致现有模型动态性差、实用性不强等问题。考虑到上述问题的核心是多目标约束条件下，动态网络中的最优路径搜索，因此可以将上述约束直接作为路径权重赋予几何代数多重向量，从而直接利用基于几何代数的最优路径算法求解出最优路径。

3. 网络结构约束嵌入

网络的路径是由几何代数基本运算生成的，因而可设定特定的几何代数算子，对路径延拓过程加以调控，从而实现包含特定约束条件的网络路径的生成，该类约束也被称为网络结构约束。

例如，在形如 TSP (traveling salesman problem) 等网络分析问题中，需要限定经过特定的节点，因而网络中经过特定节点的约束也较为常见。对于约束：路径 $p(a,b)$ 必须要经过节点 t_i，其几何代数表达为

$$p(a,b)\wedge t_i=0 \tag{4.23}$$

其求解过程需要引入求交 (meet) 算子“$\cap$”，求解路径中的公共节点，用于进行必经节点的判断。给定必经节点集 $\{t_s, s=1,\cdots,n\}$，路径集 p 中所包含的必经节点为 $t_m = p\cap t_s$，利用维度求解算子 grade() 即可求得当前路径中包含的必经节点个数 $\mathrm{grade}(t_m)$，当 $\mathrm{grade}(t_m)=\mathrm{grade}(t_s)$ 时，称路径 p 满足必经节点约束。

此外回路是一种特殊的路径结构，由于其循环性与往复性，常会将算法引入死循环，或者无法求出最优解 (卢锡城等，2005)。如一条路径存在回路，其间必然存在至少一个重复经过的节点，由于外积可用于线性相关的判断，当参与外积运算的两边存在相同元素时其结果为 0，基于外积运算的特性即可有效去除路径中的回路。同时，在邻接矩阵中，对角线元素均表示从某一节点出发，并最终回到该节点的路径，跳过此类元素的计算也可避免回路的产生，因此对式 (4.18) 的邻接矩阵加以改造，带无回路规则的邻接矩阵的表达为

$$\hat{M}_{ij}^{n}=\begin{cases}\left\langle M_{ij}\right\rangle_{n}, & i\neq j\text{且}i,j\text{间}n\text{阶连通}\\ 0, & i=j\text{或}i,j\text{间}n\text{阶不连通}\end{cases} \tag{4.24}$$

当网络节点数给定时，几何代数的基向量及基于其上的节点、路径的表达即可确定，网络拓扑结构与连通性计算则可通过基向量间和多重向量间的运算规则确定。由于上述规则与网络延拓及算法的运算过程密切相关，可在定义网络拓扑连通性的同时兼顾网络算法的优化目标，从而尽可能地缩小路径集的大小，提高

算法效率，并为动态权重与动态目标网络算法的求解提供可能。

4.3.3 网络最优路径求解框架

上述基于几何基元编码的网络表达模型，实现了对节点、边、路径等网络对象的统一表达。利用内积、外积等基本运算和算子可实现路径的延拓，以及权重约束和几何约束的统一嵌入。构建基于几何代数的多约束最优路径求解框架如下。

1. 节点型约束最优路径求解流程

节点型约束最优路径问题中，最常见的即是节点最少约束。基于几何代数的节点型约束最短路径的计算流程如图 4.19 所示。

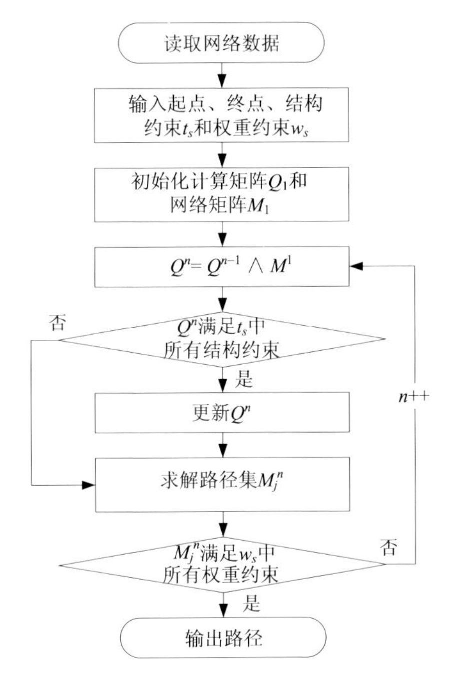

图 4.19 节点型约束最短路径的计算流程

该算法通过外积运算扩展维度从而保证路径节点的依次递增，并利用 meet 和 join 等算子进行路径结构约束的求解与判断，最终使得计算矩阵 Q^n 满足所有结构约束条件，且其对应的路径集 M_j^n 中包含所有满足权重约束的最优路径。算法的主要流程分述如下：

(1) 利用现有网络产生网络矩阵 M^1；

(2) 指定起点、终点，生成计算矩阵 Q^1，指定结构约束集 t_s 和权重约束集 w_s；

(3) 利用计算矩阵 Q^{n-1} 和网络矩阵 M^1 进行外积运算，求得 Q^n，由于一次外积运算只向外拓延一次，可保证当满足条件的路径一出现，即找到弧段最短路径；

(4) 对 Q^n 以及 Q^{n-1} 进行更新，保留经过更多必经节点的路径；

(5) 计算当前阶次的路径集 $M_j{}^n$，并判断其所包含的必经节点是否涵盖了所有的必经节点，如果满足上述条件，输出满足条件的结果，否则重复 (3)、(4) 步，直到产生符合条件的路径为止。

基于几何代数的节点型约束最短路径算法在路径运算中嵌入最优求解的约束规则，在计算过程中即删掉不满足约束规则的路径，因而可滤除大量不必要的遍历，从而大幅降低运算复杂度。此外，可将上述算法修改为从首尾节点同时进行路径扩展的运算，也可进一步提升算法效率。

对于考虑节点中转代价的网络路径，特别是通信网络的路径规划中，节点数最少路径的求解具有重要作用。此外，还存在一种经过指定数目节点的最优路径求解问题。假定必须经过的节点数目为 n，则其求解过程仅需将上述步骤的第 (3) 步修改为和网络矩阵进行 $n-1$ 次外积即可。但该过程的复杂度并非 $O(n)$ 次外积运算，通过下式的化简，其复杂度可降低到 $O(\log_2 n)$。

$$\underbrace{A^2 = A \wedge A, A^4 = A^2 \wedge A^2, \cdots, A^{2^m} = A^{2^{m-1}} \wedge A^{2^{m-1}}}_{m\text{次外积运算}} \tag{4.25}$$

2. 混合型最优路径求解流程

混合型最优路径问题通常会有一个主优化目标，而其他约束多只作为限制条件存在。它相对于节点型约束的区别即需要在每次求得的路径集 $M_j{}^n$ 中选取最优路径，并按照最优路径结果对计算矩阵 Q^n 加以筛选，从而使后续结果满足目标 G 最优的前提条件。混合型最优路径算法流程如图 4.20 所示。给定路径矩阵 A 和权重矩阵 W，求解由点 i 到点 j，权重 w 最小的路径，其求解的伪码如图 4.21 所示。

3. 案例

选择多约束网络做最优路径求解研究，该案例中所使用的主要权重有道路上污染物的平均浓度、道路通行能力、路径距离、污染物吸入量等指标。根据物资运输需求，选取起止点进行最大流分析，得到五条路径方案，其通行流量分别为 25、23、17、16 和 10 (表 4.2)。对最大流计算流程进行分解，可得出当资源流量总量最大时，网络中每条路径的当前流量信息 (图 4.22、表 4.2)。

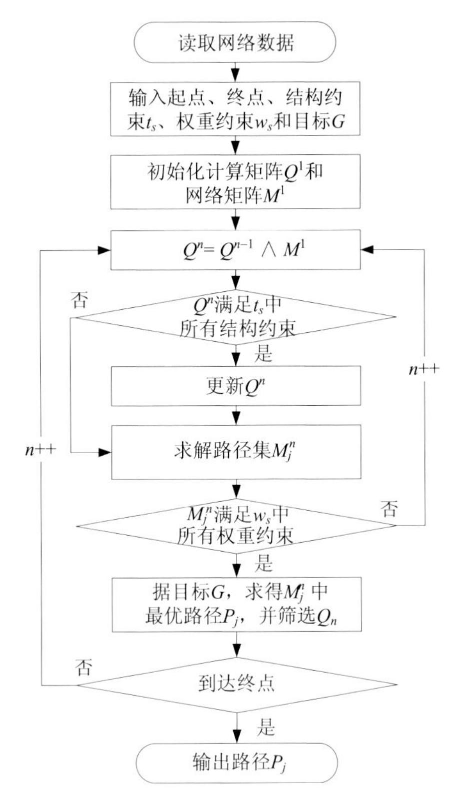

图 4.20 混合型最优路径算法流程

```
/*算法：求解在约束条件c下节点i至节点j的权w最小通路minw<Kij>g
     GenMinPath(A,w,c,i,j)*/
//算法开始
//1.初始化v0矩阵
  v0=A; w0=w;  //初始化路径矩阵和权重矩阵
//2.每循环一次将当前路径与A作外积运算
  While(stsfy) //满足约束条件
      v0 = exp(w0[i])v0∧exp(w)A;       //通过外积延拓路径
      //(1)根据权重类型依次筛选路径
        For(m=1->size(A)*size(A), m+=1)//size(A)为节点数
           Switch (c.type())
            case VERTEX: stsfy = Condition(<v0>k);
            case MUMERIC: stsfy = Condition(scalar(v0));
            case CYCLE: v0[k][k] = withCycle? v0[k][k]:0;
           End Switch
        EndFor
  EndWhile
//3.返回v0中第i行第j列的元素
  if(stsfy)
      return v0[i][j];
//4.算法结束
```

图 4.21 包含限制条件的最短路径算法伪码

表 4.2　所求最大流的路径方案及其流量

方案	途经节点	通行流量
1	Site29, Site12, Site60, Site45, Site8, Site17	25
2	Site29, Site6, Site13, Site7, Site7, Site59, Site43, Site44, Site44, Site17	23
3	Site29, Site30, Site17	17
4	Site29, Site6, Site59, Site6, Site17	16
5	Site29, Site6, Site7, Site15, Site17	10
合计	/	91

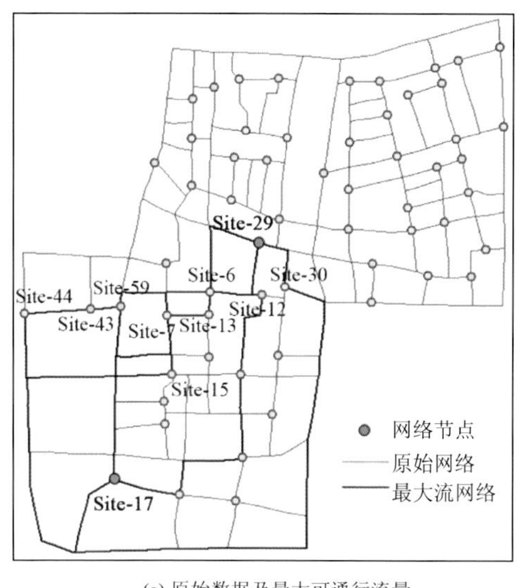

(a) 原始数据及最大可通行流量

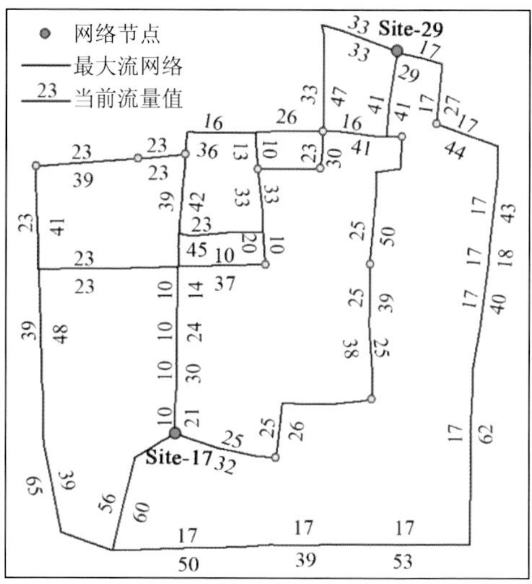

(b) 最大流分析的路径流量信息

图 4.22　污染物扩散条件下多约束最大流分析

4.4　本 章 小 结

本章从三种不同模式的地理空间数据模型的维度空间构建、对象表达与算法设计出发，提出了基于几何代数的 GIS 算法构造方法。首先，提出基于多重向量的多维矢量特征融合表达，构建相应的算子集及其扩展方法，给出多维矢量数据统一求解的设计框架，并进行了案例示范。其次，设计了基于几何代数多维统一的场空间构建与表达方法，利用几何代数微分运算与特征空间投影实现场特征参数的统一计算，进而从特征维度、特征结构和特征参数三个角度出发构建多维场数据的统一分析方法。最后，从几何代数以维度运算为基础的角度出发构建了网络中节点、边与路径的统一表达与延拓方法，构建与延拓运算相一致的路径约束嵌入方法，实现节点型和混合型约束网络最优路径的求解，并给出案例示范。

第 5 章　模板化的 GIS 自适应空间计算方法

几何代数提供了优越的表达和计算空间，但基于几何代数的算法构建过程仍然太过抽象，需要设计面向 GIS 分析需求的对象表达和计算，并且继续保留几何代数的统一性与自适应性。基于此，以模板的思路构建 GIS 对象的参数表达和 GIS 分析的算子化计算，设定顶层统一框架，制定一套模板构建与集成规则，可为基于 GA 的 GIS 算法架构与设计提供新的思路。

5.1　基于几何代数的计算模板构建

5.1.1　计算模块定义

计算模块(block)是基于模板的 GIS 计算框架的基本组件。在本节中，首先定义计算模块，然后对计算模块中使用的参数和计算算子进行总结。计算模块是一个可以接受某些参数和算子去实现特定计算功能的函数。基于模板的 GIS 计算是通过对 GA 空间中多重向量表示的 GIS 对象进行 GA 算子操作来实现的。因此，GIS 计算模块可以由 GA 表达的参数和构成计算方法的算子共同定义。计算模块的一般定义如下。

定义 5.1　若给定 GA 算子 op，则计算模块可被定义为带参数的函数：

$$f_{\mathrm{op}} = f(n, \mathrm{pars}, \mathrm{op}) \tag{5.1}$$

式中，pars 表示计算模块中所使用的所有参数；n 是参数个数。

5.1.2　计算模板参数系统

根据 GIS 分析任务，可将参与运算的地理数据分为几何拓扑信息、属性语义信息两大类型。由于几何代数本身具有运动、变换表达的能力，GA-MUC 则进一步建立了以数据表达、语义表达和转换表达为基础的表达和计算单元(Yuan et al.，2012，2013)。因此，可以定义三种不同类型的参数：数据参数、语义参数和变换参数，服务于计算模块中的数据转化与计算流控制。

定义 5.2　数据参数(ParD)是一种 GA 结构，主要用来表示 GIS 对象。数据参数拥有层次结构，包含了在 GA 空间中对几何对象的理解。例如，两个点可以构造一条线，三个点可以构造一个平面。数据参数存在两种类型：flat-blade 和

round-blade。Round-blade 表示那些具有有限面积/体积/超体积的对象，而 flat-blade 则通过在其表达中包含无穷远维度 e_∞ 表示可无限延伸的对象。

$$\begin{cases}\text{round-blade}: r_k = p_1 \wedge p_2 \wedge \cdots \wedge p_k \\ \text{flat-blade}: f_k = p_1 \wedge p_2 \wedge \cdots \wedge p_k \wedge e_\infty\end{cases} \tag{5.2}$$

定义 5.3　语义参数（ParS）是一种 GA 算法结构，可用于表达 GIS 对象特征和它们之间的空间关系。语义参数为方向、模、切线等对象特征表达服务。例如，在欧氏空间中可用向量和标量表达对象的方向和模（面积、体积）特征。几何代数则进一步扩展了基于可移动 free-blade 和 tangent-blade 的对象特征表达方法，其中 free-blade 用来表达方向，tangent-blade 可用于表达对象间的相切关系（包含切点和切线方向，同样也可用其表达日照线等射线对象）。给定 k-blade a_k，其相应的 free-blade 和 tangent-blade 表达为

$$\begin{cases}\text{norm-blade}: a_{kj} = a_k \wedge a_j, v_{kjt} = a_k \wedge a_j \wedge a_t \\ \text{free-blade}: f_k = a_k \wedge e_\infty \\ \text{tangent-blade}: t_k = a_k \wedge e_\infty \wedge e_0\end{cases} \tag{5.3}$$

几何代数空间中也存在这样一些对象，它们本身没有明确的几何描述，但是却具有显著的几何意义。例如，当应用求交算子(meet)于两个不相交的对象时，计算所得的结果为一虚对象，它表明了两个对象的不相交关系(通常可反映两对象的距离、相对方向等)。这类对象也被称为语义参数对象，几何代数的该性质也是构成基于 GA 的计算空间封闭性的基本前提。

定义 5.4　变换参数（ParT）是一种用来表达 GIS 对象变换过程的 GA 结构。变换参数可以用来实现诸如平移、旋转和缩放等变换操作。在 GA 中，对象 A 能通过 versor 公式 $B = fAf'$ 平移到对象 B，该表达具有显著的代数化算子计算风格。给定三维共形空间(Dorst et al.，2009)，对象变换的一般表达如下：

$$\begin{cases}\text{translator}: t = \alpha + \alpha_1 e_1 e_\infty + \alpha_2 e_2 e_\infty + \cdots + \alpha_n e_n e_\infty \\ \text{rotor}: r = \alpha + \beta e_1 e_2 e_3 \cdots e_n \\ \text{scalor}: s = \alpha + \beta e_0 e_\infty\end{cases} \tag{5.4}$$

5.1.3　计算模板算子库

GIS 问题的代数化、算子化求解是基于几何代数的 GIS 算法设计的重要特征。利用上述运算空间的构建，实现了几何对象的维度统一与对象无关的运算，从而为计算算子的设计提供统一的接口。在前述章节计算空间对象基本算子定义及多重向量的运算规则基础上，构建 GIS 算子库。为了满足通用化计算模板的设计，

这里的算子库主要包括用于对象构造的维度算子、用于对象变换的变换算子和用于对象关系求解的关系算子三大类。

(1)维度算子主要作用于子空间，可用于构建空间对象，主要是通过对维度的增减运算，实现空间对象的组织和分解。大多数维度操作是二元操作，且其输入和输出对象均为数据参数 ParD 。

$$f_{\mathrm{op}_d} = f(2, \{\mathrm{ParD}_1, \mathrm{ParD}_2\}, \mathrm{op}_d) = \mathrm{ParD}_3 \tag{5.5}$$

常见的子空间维度算子如表 5.1 所示，基础操作算子包括外积、内积、几何积和几何逆，可以实现对象构造与维度关系计算，维度操作算子包括求特定维度分量、求模、求对偶和投影等，可用来提取特定的维度子空间和进行维度变换。

表 5.1　子空间维度算子库

类型	操作	表达	描述
基础操作	外积	$\mathrm{op}(a,b) = a \wedge b$	维度的基本计算，op 和 ip 用来增加和减少维度；gp 和 iv 可以生成多维对象
	内积	$\mathrm{ip}(a,b) = a \bullet b$	
	几何积	$\mathrm{gp}(a,b) = a \bullet b + a \wedge b$	
	几何逆	$\mathrm{iv}(a) = a^{-1} = \mathrm{rv}(a) / (a \times \mathrm{rv}(a))$	
维度操作	求维度	$\mathrm{grade}(a,i) = \langle a \rangle_i$	主要用来提取特定的维度子空间和进行维度变换，其中 m 是空间维度
	求模	$\mathrm{norm}\,2(a) = a\ \ \mathrm{rv}(a)$	
	求对偶	$\mathrm{dual}(a) = a^* = a / I_m$	
	投影	$\mathrm{Prj}(a,b) = (a \bullet b) b^{-1}$	
	反射	$\mathrm{Rej}(a,b) = bab^{-1}$	

注： $\mathrm{rv}(a)$ 是求反操作，将在表 5.2 中介绍。

(2)变换算子主要用来对参数的代数形式及其空间属性加以变换，使其完成代数结构的优化调整以及空间属性的变动(平移、旋转等)。变换算子包括一元和二元两种形式：

$$\begin{cases} f_{\mathrm{op}_c} = f(1, \{\mathrm{Par}_1\}, \mathrm{op}_c) = \mathrm{Par}_2 \\ f_{\mathrm{op}_c} = f(2, \{\mathrm{ParD}_1, \mathrm{ParT}_1\}, \mathrm{op}_c) = \mathrm{ParD}_2 \end{cases} \tag{5.6}$$

式中， Par_i 是一般参数； ParT_i 和 ParD_i 分别表示变换参数和数据参数。常见变换算子如表 5.2 所示。序列调整算子用于调整子空间对象表达维度的顺序，可用于维度消元的预备处理步骤；变换操作符可用于对象空间属性的变换。

表 5.2　子空间变换算子库

类型	算子	表达	描述
序列调整算子	求反	$\mathrm{rv}(a)=(-1)^{n(n-1)/2}a$	维度的顺序调整算子可以简化 GA 算法的计算复杂度
	维度退化	$\mathrm{giv}(a)=(-1)^{n}a$	
	共轭	$\mathrm{con}(a)=(-1)^{n(n+1)/2}a$	
变换操作符	反射	$\mathrm{Ref}(a,D)=(-1)^{nd}DaD^{-1}$	方向 X 在对偶 D 上的反射，其中 d 是 D 的维度
	缩放	$\mathrm{Scal}(\rho)=(1+e_{\infty})\rho+(1-e_{\infty})\rho^{-1}=\mathrm{e}^{e_{\infty}\ln\rho}$	以 ρ 速率缩放
	平移	$\mathrm{Trans}(t)=1+\frac{1}{2}te_{\infty}=\mathrm{e}^{-\frac{t}{2}e_{\infty}}$	平移距离 t
	旋转	$\mathrm{Rotor}(\theta,l)=\cos\left(\frac{\theta}{2}\right)-\sin\left(\frac{\theta}{2}\right)l=\mathrm{e}^{-\frac{\theta}{2}l}$	绕轴/旋转角度 θ

注：a 是维度 n 的 blade。旋转算子只存在于齐次和共形空间，缩放算子只存在于共形空间。

(3)关系操作基于子空间计算算子设计，主要用来获取对象间关系。因此，关系算子多为二元计算，其输出都是语义参数。

$$f_{\mathrm{op}_r}=f(2,\{\mathrm{ParD}_1,\mathrm{ParD}_2\},\mathrm{op}_r)=\mathrm{ParS}_1 \tag{5.7}$$

式中，ParS_i 是语义参数。由于共形空间中对象的表达能力更强，关系操作大部分基于共形空间构建。关系度量算子主要用来计算对象之间的距离、角度等度量特征，求交和求并算子用来判断对象的拓扑关系。表 5.3 为常用关系计算算子。

表 5.3　空间关系计算算子

类型	操作	表达	描述
关系度量算子	点-点	$\mathrm{dst\_pt}(A,B)=\sqrt{-2A\cdot B}$	A 到 B 的距离
	点-线	$\mathrm{dst\_pl}(A,l)=(e_{\infty}\wedge A'\wedge l\wedge B')$	描述两个对象间的距离和对象在圈内或在线下的负向距离
	点-圆	$\mathrm{dst\_ps}(A,S)=\dfrac{A'\wedge B'\wedge C'\wedge D'}{e_{\infty}\wedge A'\wedge B'\wedge C'}$	
	线-圆	$\mathrm{dst\_ls}(l,S)=((e_{\infty}\wedge A'\wedge B')\cap(C'\wedge D'\wedge E'))^2$	
	圆-圆	$\mathrm{dst\_ss}(S1,S2)=((A'\wedge B'\wedge C')\cap(D'\wedge E'\wedge F'))^2$	
拓扑关系判断运算符	求交	$\mathrm{meet}(A,B)=A\cap B=B^{*}\cdot A$	A 和 B 的相交关系
	求并	$\mathrm{join}(A,B)=A\cup B=A\wedge(M^{-1}\cdot B)$	最小计算空间

注：求交算子在两个运算对象相交时会得到一个结果参数，将进行进一步的挖掘得到正式的语义拓扑关系参数。

5.2 GIS 算法模板结构

根据式(5.1)的模板定义，模板结构的两个关键点是：内部结构和外部结构。①内部结构对应着 GIS 数据的参数结构(如循环结构、组合结构)；②外部结构是由算法逻辑决定的，同时也包含对参数结构的运算规则。最后，这些计算块通过模板结构的约束和接口集成，共同构建出一个完整的 GIS 分析算法。

5.2.1 计算模板的内部参数结构

在实际应用中 GIS 算法中的参数十分复杂，因此需要在 GIS 空间计算前，对输入的参数使用分解和组合策略。这种策略也可以看作是基于 GA 的数据的遍历。此外，也需要考虑操作对象的数量对计算效率的影响，从而对参数结构进行适度的优化。

1. 单一给定参数模板

按照参数的定义可知，参数可以是线性的或者是层次的，但是，如果只有一个给定参数，层次参数一般都会变换为线性参数，这种变换可以用维度提取算子来实现。为了进一步讨论给定参数的计算规则，操作算子被分为三类。

(1) 一元算子，计算块通过一种发散结构来进行计算。

随着 GA 操作算子与 GA 对象的统一(Yuan et al., 2013)，算子也可以使用“分配律”，如下式：

$$f(1,\mathrm{Par},\mathrm{Op})=\sum_{i=1}^{n} f(1,\mathrm{Par}_i,\mathrm{Op}) \tag{5.8}$$

式中，n 是其子对象的数量。基于这一特性，生成的发散性结构如图 5.1 所示。该结构充分利用了参数展开，可用于单一参数遍历的算法。随着对参数的分解，任意类型对象的组合结构都可以以相对简单的方式进行分析。

(2) 二元算子，计算块由循环结构进行计算。

二元算子需要两个操作对象，因此两个参数需要先后被选取。选择过程可采用如下两个循环结构式：

$$\begin{cases} f(2,\mathrm{ParA},\mathrm{ParB},\mathrm{Op})=\sum\limits_{i=1}^{n} f(1,\mathrm{ParA}_i,\mathrm{ParB}_i,\mathrm{Op}), & \text{参数有序} \\ f(2,\mathrm{ParA},\mathrm{ParB},\mathrm{Op})=\sum\limits_{i=1}^{n}\sum\limits_{j=1}^{m} f(1,\mathrm{ParA}_i,\mathrm{ParB}_j,\mathrm{Op}), & \text{参数无序} \end{cases} \tag{5.9}$$

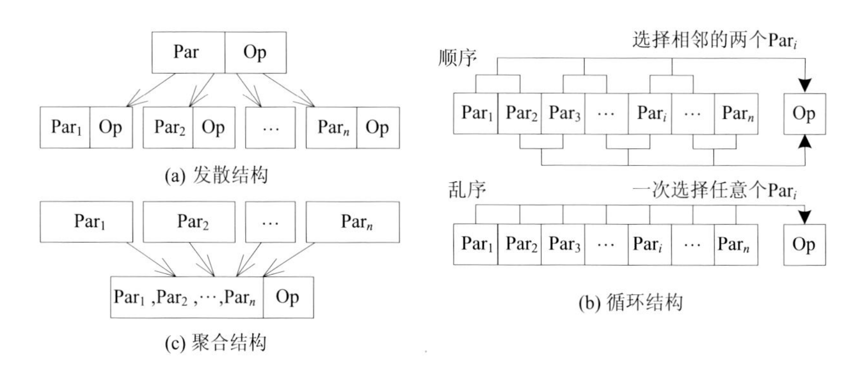

图 5.1　单一给定参数内部结构

如果 Par 的子对象是有序的，相邻的两个子对象可以被选择参与计算[图 5.1(b)上部分]，否则计算过程可能需要在每两个子对象中展开，因而需要通过两次循环实现 Par 中所有 Par_i 的遍历[图 5.1(b)下部分]。

(3)多元算子，计算块由聚合结构进行计算。

在多元算子计算中，参数数量大于 2，一般使用聚合结构来实现参数的综合计算：

$$f(n,\mathrm{Par}_1,\mathrm{Par}_2,\cdots,\mathrm{Par}_n,\mathrm{Op})=f(1,\mathrm{Par},\mathrm{Op}) \tag{5.10}$$

聚合结构的示意图见图 5.1(c)。

2. 双给定参数模板

由于有两个给定参数，算子计算的输入参数的数量必须是 2 个或 2 个以上。同时这 2 个参数的相互作用需要根据它们的结构(线性或分层)来讨论。

(1)二元算子，计算块由发散或是层次结构进行计算。

对于给定的两个参数，计算块可以被写成 $f(2,\mathrm{ParA},\mathrm{ParB},\mathrm{Op})$ 的形式，这个结构可能导致不同的情况。如果 Par_1 和 Par_2 是线性参数，那么计算块由发散结构计算。但是如图 5.2(a)所示，根据参数结构(有序或乱序)，会有两种循环结构：

$$\begin{cases} f(2,\mathrm{ParA},\mathrm{ParB},\mathrm{Op})=\sum\limits_{i=1}^{n} f(2,\mathrm{ParA}_i,\mathrm{ParB}_i,\mathrm{Op}) \\ f(2,\mathrm{ParA},\mathrm{ParB},\mathrm{Op})=\sum\limits_{i=1}^{n}\sum\limits_{j=1}^{m} f(2,\mathrm{ParA}_i,\mathrm{ParB}_j,\mathrm{Op}) \end{cases} \tag{5.11}$$

其中，一对一结构对应上面的有序参数，一对多结构对应上面的乱序参数[图 5.2(a)]。另外，如果 Par_1 和 Par_2 是非线性参数，计算块将通过如图 5.2(b)所示的层次结构计算。

$$
\begin{aligned}
f(2,\text{ParA},\text{ParB},\text{Op}) = & \langle f(2,\text{ParA},\text{ParB},\text{Op})\rangle \vDash \\
& (\left\langle \sum_{i=1}^{n} f(2,\text{ParA.subobj}_i,\text{ParB.subobj}_i,\text{Op})\right\rangle \vDash \\
& \left\langle \sum_{j=1}^{m} f(2,\text{ParA.subobj}_i.\text{subobj}_j,\text{ParB.subobj}_i.\text{subobj}_j,\text{Op})\right\rangle \vDash \cdots)
\end{aligned} \tag{5.12}
$$

(2) 多元算子，计算块由聚合结构进行计算。

同理，对于多元算子，仍然会有超过两个的输入参数，因此在这里选用聚合结构。如图 5.2 (c) 所示，无论参数是有序还是无序，都将被集成在一个聚合结构中计算：

$$
f(2,\text{ParA},\text{ParB},\text{Op}) = f(m+n,\text{ParA}_1,\text{ParB}_1,\text{ParA}_2,\text{ParB}_2,\cdots,\text{ParA}_m,\text{ParB}_n,\text{Op}) \tag{5.13}
$$

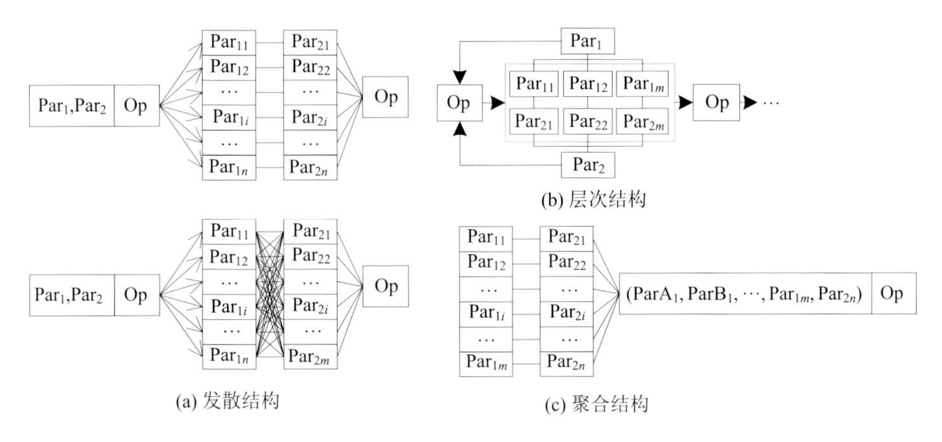

图 5.2 双给定参数内部结构

3. 多给定参数模板

如果有两个以上的参数，那么所有参数必须在一起计算。因此，循环类型或者参数顺序在这里意义不大，所有参数都将被集成为一个聚合结构。也存在另一种情况，一些给定的参数可以形成一个计算块，构造一个如下的嵌套结构：

$$
\begin{aligned}
& f(m,\text{Par}_1,\text{Par}_2,\cdots,\text{Par}_m,\text{Op}) \\
& \quad = f(m-n+1, f(n,\text{Par}_1,\text{Par}_2,\cdots,\text{Par}_n,\text{Op}),\text{Par}_{n+1},\cdots,\text{Par}_m,\text{Op})
\end{aligned} \tag{5.14}
$$

式中，$f(n,\text{Par}_1,\text{Par}_2,\cdots,\text{Par}_n,\text{Op})$ 可以当作是具有操作对象的一个子计算块。计算块与计算块之间的结构将在下一节展开讨论。

5.2.2　计算模板的外部层次结构

根据计算模块的生成规则和层次结构，可以进一步规范化基于计算块的模板生成过程。对于给定的计算块，其输入、输出以及块与块的组合是恒定的，则可将算法构建过程规范为特定的几类生成规则，在这里也被称为模板外部层次结构。通过对计算块的组合方式的分析，可能的计算块或是可能的计算块的组合可以被制成预定义列表，推荐给用户使用，并可被组合成基于模板的 GIS 算法。计算模板主要包括如下三种外部结构。

1. 分散模板

由于在几何代数中几何对象的表达是维度无关和类型无关的，利用 GA 的形式化表达，GIS 空间分析问题可以用数学的方式解决。因此，可以模仿数学上的“分配律”来构造分散模板。该模板将复合对象转化为子对象，使复杂 GIS 分析变成简单的 GA 计算。因为几何代数系统中的算子与几何对象可以统一表达(Yuan et al.，2013)，这些算子也能将“分配律”应用进来。基于该特性，生成了如图 5.3 所示的分散模板。图 5.3(a)利用了算子的维度无关性，而且它可以被用于向更高维度算法的扩展。图 5.3(b)利用算子对象类型无关性(点、线、多边形等)，随着复合参数的展开，包含任何对象类型的多维融合场景可以用一种统一的方式进行求解。

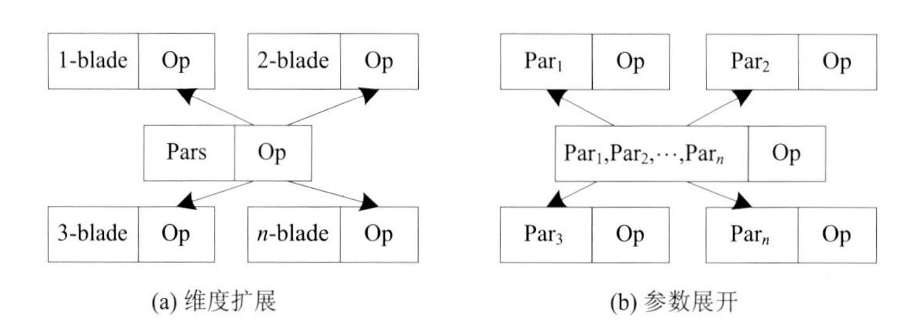

图 5.3　分散模板

表 5.4 所示的代码分别利用分散模板和传统方法实现了 Voronoi 分析算法。在分散模板中，Delaunay 三角形可以通过将点转换到共形空间的 convex_hull()算子来计算(Dorst et al.，2009)，并且由于 Voronoi 多边形是 Delaunay 三角形的对偶形式，可直接通过对偶计算完成 Voronoi 多边形的求解。一方面，基于计算算子的多维统一，可以将其向更高维度扩展。另一方面，传统的算法通过形如节点插入等方法来生成 Voronoi 多边形，由于其分析过程复杂，流程高度定制，一般只能用于二维情况。传统的方法中也包括利用空间维度提升进行 Voronoi 多边形求解

的方法，但是面向高维数据的算法仍然较少。

表 5.4 Voronoi 分析

传统方法	基于模板方法
//任意取三个点 p1,p2,p3	/* 将点集提升到共形空间，利用 convex_hull 算子计算 Delaunay 三角形，则可通过对偶运算求得 Voronoi 多边形*/
c = CircleCentre(p1,p2,p3);	For each p in {p1, p2,…, pn }
For each p in {p4,p5,…,pn}	p′=c3ga_point(p);//空间转换
di=dist(c,p);	//计算 Delaunay 三角形
if di < r change(p3,pi);	triangs′ = convex_hull({p1′, p2′,…, pn′ });
else	For each triang′ in triangs′
//检测邻接点，形成新的三角形	polygon′ = dual(triang′);
//直到所有的点都被插入到三角形集合中，跳出循环	For each polygon′ in polygons′
For each triangles	polygon = proj(polygon′);
//计算中垂线	

注：输入：点集 $\{p_1, p_2, \cdots, p_n\}$ ，输出：Voronoi 多边形。

2. 串行模板

现存的许多 GIS 算法只能以序列结构进行计算，该结构需要计算模板一步步执行。串行模板是通过级联所有计算块来构成一个完整的计算。对于大量数据参与计算的情况，需要在串行执行的过程中尽可能多地应用层次判断的方式过滤数据。基于此，构建了基于判断结构的算子集成方式(图 5.4)，这里的 Op 算子用于相互之间下一步计算的判断。这个模板可以运用到第 3 章提出的基于 MVTree 的运算结构中。

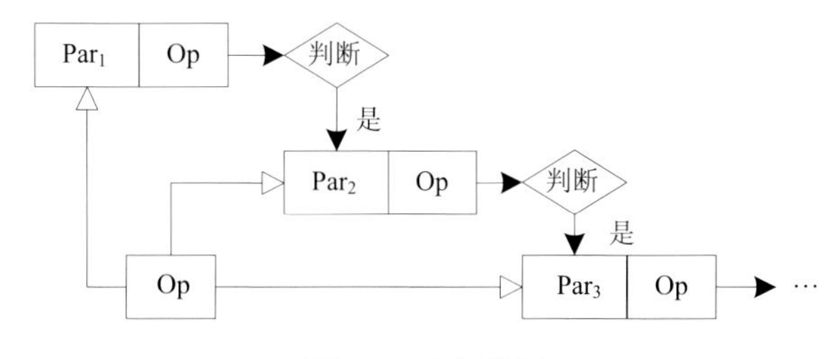

图 5.4 串行模板

表 5.5 实现了基于串行模板的“拓扑关系”，并将其同传统算法进行了对比。在串行模板中，利用求交算子得到统一的相交关系，并用其对下一步的运算加以

判断和筛选。由于求交算子与对象维度无关且算子的平方可以表示对象的相交关系(Eduardo，2011)，该运算过程也具有多维统一性。利用 MVTree 的分层结构，再结合串行模板的判断算子，可以很大程度减少计算复杂度。传统的方法虽然能够使用类似串行模板的思想，但由于不同类型对象的判断结构是不同的，从而使得算法结构相对复杂，算法设计不够便捷。

表 5.5　拓扑关系

传统方法	基于模板方法
//判断对象类型 type1 和 type2	/* meet 算子是维度无关的，且 meet 结果的平方可用于判断对象的相交关系 */
type1 = getType(o1);	o1′=c3ga_point(o1);//空间转换
type2 = getType(o2);	o2′=c3ga_point(o2);
if type1 == line && type1 == line	B2=meet(o1′, o2′)^2;
//求交运算	
if type1==line && type2 ==polygon	if B2>0 return INTERSECT;
//求交运算	if B2=0 return TANGENCY;
if type1 == polygon && type2 == polygon	if B2<0 return DISJOINT;
//求交运算	
//…	

注：输入：任意维度的两个几何对象 $\{o_1, o_2\}$，输出：拓扑关系。

3. 聚合模板

GIS 分析同时还面临着包含时间约束、空间约束和结构约束等多约束的综合分析问题。需要构建多约束的联立方程，通过联立方程的求解来得到约束最优解。聚合模板是基于算子计算特征和几何代数的代数式求解特征提出的。在聚合结构(图 5.5)中，首先将约束表达成对应的算子$(\mathrm{Op}_1,\mathrm{Op}_2,\cdots,\mathrm{Op}_n)$，接着将这些计算模块集成为一个复合模块，将多约束问题转换为对复合模块的求解。此外，因为对象表达与计算的统一性，也更加有利于构建相对统一的约束表达。

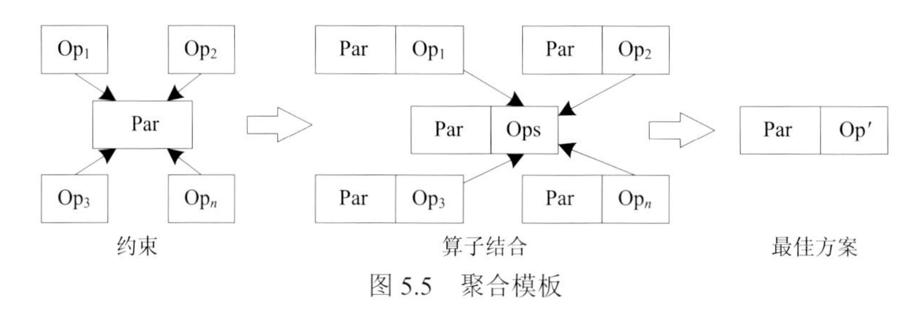

图 5.5　聚合模板

表 5.6 所示的代码实现了基于聚合模板的“点云拟合”算法，并将其与传统算法相对比。聚合模板以代数方程来实现，首先定义拟合对象(平面或球)的几何代数表达为$S(s_1,s_2,s_3,s_4,s_5)$，由于最佳拟合平面/球面是能够保证其到所有点对象距离的平方和最小(类似最小二乘法的思路)，从而得到基于点距离平方和最小的约束方程。最终，通过约束方程的最优化求解(SVD 计算)求得约束条件下的最优解。在传统的方法中，因为对象表达的不统一，可能的拟合对象——平面和球的表达也不统一，很难建立一个完备的方程来解决该问题。

表 5.6　点云拟合

传统方法	基于模板方法

//平面方程：z + A*x + B*y + C =0
//球面方程：(x-A)^2 + (y-B)^2 +(z-C)^2 = d^2
//列出点集到平面的距离方程
//求解最优解使得
TotalPoint2Plane = 0
//如果最优解不存在
//列出点集到球面的距离方程
//求解最优解使得
TotalPoint2Sphere = 0;
	/*假设拟合平面/球面的表达为 S(s1,s2,s3,s4,s5)，则最佳拟合平面/球面即是保证点集到其上的距离最小。可通过 SVD 分解求解最优解*/
	For each p in {p1, p2,…, pn }
	  p′=c3ga_point(p);//空间转换
	For each p′ in {p1′, p2′,…, pn′ }
	  P += p′ .p′T;
	M=c3ga_basis();
	v′=SVD(M*P);//提取出 V 中的最后一列
	S=c3ga_object(v1′, v2′, v3′, v4′, v5′);

注：输入：点集$\{p_1, p_2, \cdots, p_n\}$，输出：过滤平面/球。

5.3　GIS 计算模板案例

为了验证基于模板的 GIS 计算模型，本节引入多维社区场景的模拟与计算案例。这个场景由三维建筑、二维地表和一维街道组成，同时场景包含了汽车作为运动对象来实现空间关系的动态模拟。车辆的运动状态被存储在一个 GPS 交换格式文件(gpx)中。主要的分析任务是模拟小轿车的运动并计算车和建筑物的动态空间关系。

1. 实现过程

实现流程如图 5.6 所示，这个实验必须处理不同状态下建筑物、小轿车和车辆的轨迹点对象，首先需要构建数据解析模块，实现社区数据的解析并将其转换为几何代数表达。车辆运动被表达成相邻运动状态的变换，该变换包含平移、旋转两种类型，可通过基于几何代数的变换参数统一表达。构建基于聚合模板的 SolveRotor()功能，实现相邻运动状态变换的求解。为得到无缝轨迹，需要实现变换参数的插值，并将其分别应用到车辆各原始位置节点中，生成各插值节点。这些操作可以批量完成，因此可以用分散模板来实现 InterpRotor()和 VersorP()功能。最后为实现动态空间关系求解，可利用关系算子组合成串行结构的模板，得到 CalcMetric()功能，实现各插值节点和社区中建筑物的动态空间关系求解。

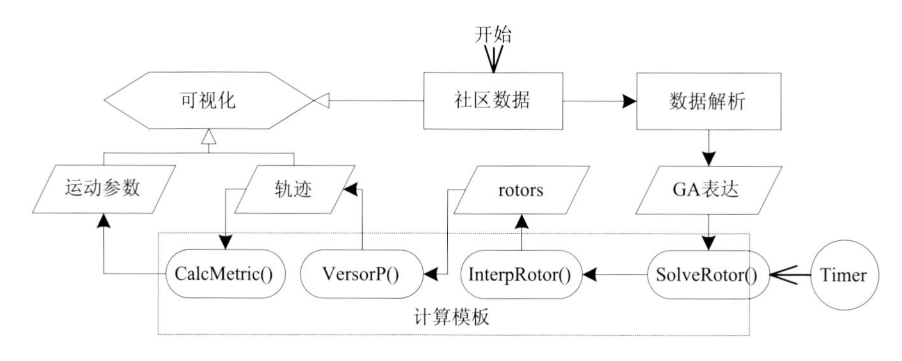

图 5.6　GIS 计算模板案例实现流程

2. 计算模板的构建

算法的计算部分由四个计算块组成：SolveRotor()、InterpRotor()、VersorP()和 CalcMetric()。表 5.7 列举并展示了由模板生成各计算块的过程。

SolveRotor()用聚合模板来实现，它整合了不同状态追踪节点和旋转变换的约束。利用两组邻接状态点来进行旋转算子 R 求解，该过程可利用聚合模板，将其转换为最优问题，并能够用 SVD 方法(Dorst et al.，2009)求解。

InterpRotor()和 VersorP()用分散模板来实现。首先组合指数变换和旋转算子插值得到 InterpRotor()功能，接着通过 VersorP()将旋转算子应用到车辆的状态节点。在生成用于插值的子旋转算子后，它们被应用到如分散模板形式的任意车辆状态节点上，最后，可构建出车辆的无缝运动轨迹。

CalcMetric()功能被用来计算距离和角度，它是基于串行模板来实现的。对于车辆和建筑物的多维和分层结构，MVTree 结构被用来对其加以统一表达。为了简化计算复杂度，用串行模板中的过滤方法来约束参与计算的数据量。

表 5.7 基于模板的算法生成

功能	模板	执行步骤
SolveRotor() 计算汽车邻近状态的 rotors 输入： 状态点 1：$a_1,a_2,\cdots,a_n$ 状态点 2：$b_1,b_2,\cdots,b_n$ 输出：rotor R	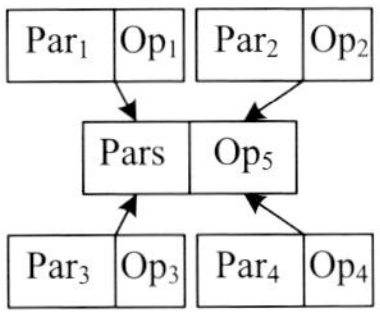 Par_1 Op_1 Par_2 Op_2 Pars Op_5 Par_3 Op_3 Par_4 Op_4 聚合模板	(1) 计算块构建： $\begin{cases} d_1=(b_1-f(1,a_1,R))^2=(b_1-Ra_1R^{-1}) \\ \vdots \\ d_n=(b_n-f(1,a_n,R))^2=(b_n-Ra_nR^{-1}) \end{cases}$ (2) 块集成： $f(i,d_i,\mathrm{op})=\sum_{i=1}^{n}d_i$ (3) 最优求解： 得到使得 $f(i,d_i,\mathrm{op})$ 最小的 R 值
InterpRotor() 得到 rotor 的插值 输入：rotor R 输出：插值得到的 rotor R_j	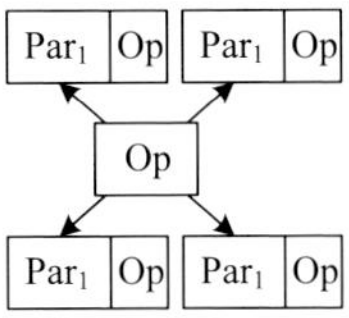 Par_1 Op Par_1 Op Op Par_1 Op Par_1 Op 分散模板	(1) 变换的指数表达： $R_E=f(1,R,\mathrm{Exp})=\mathrm{Exp}(R)$ (2) rotor 插值： $R_j=f(3,\{R_E,j,m\},\mathrm{linerInterp})=\frac{j}{m}R_E$ (3) 得到每个阶段的 rotor 值
VersorP() 执行几何变换 输入：rotor R_j、GIS 对象 a_i 输出：变换后的对象	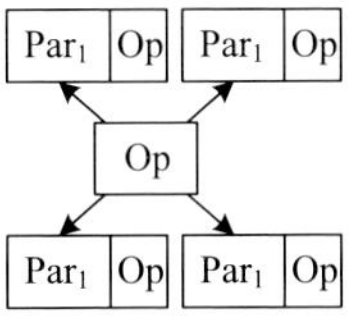 Par_1 Op Par_1 Op Op Par_1 Op Par_1 Op 分散模板	(1) 计算块构建： $c_i=f(2,\{R_j,a_i\},\mathrm{rotor})=R_ja_iR_j^{-1}$ (2) 应用于每个对象
CalcMetric() 求解距离和角度 输入：车 c'、建筑物 d_k 输出：距离、角度等度量结果 D_k 和 A_k	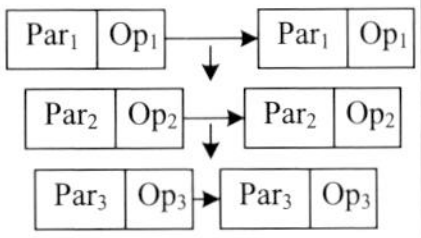 Par_1 Op_1 → Par_1 Op_1 Par_2 Op_2 → Par_2 Op_2 Par_3 Op_3 → Par_3 Op_3 串行模板	(1) MVTree 构建： $\begin{aligned} O &= \mathrm{Polyhedron}=\mathrm{Polygon}_1+\cdots+\mathrm{Polygon}_n \\ &= \mathrm{Segment}_{11}+\cdots+\mathrm{Segment}_{nm} \\ &= \mathrm{Point}_{111}+\cdots+\mathrm{Point}_{nm1}+\mathrm{Point}_{nm2} \end{aligned}$ (2) 计算块构建： $\begin{cases} D_k=-\frac{1}{2}(f(2,\{d_k,c'\},ip))^2=-\frac{1}{2}d_k\cdot c' \\ A_k=\arccos\left(\frac{f(2,\{e_2,d_k-c'\},ip)}{\lvert d_k-c'\rvert}\right) \\ \quad=\arccos\left(\frac{e_2\cdot d_k-c'}{\lvert d_k-c'\rvert}\right) \end{cases}$ (3) 基于 MVTree 结构计算度量特征

3. 计算演示

在 CAUSTA (Yuan et al.，2010) 系统中实现上述计算模板。如图 5.7 所示，基于模板的算法架构的设计，GIS 分析功能的构建过程可以更为方便，同时算法的步骤也很清晰。这里的“Workspace”和“Operator library”窗口被用来快速选择参数和算子。在“Script”窗口中，可将参数和算子结果以模板化的方式进行组合，并实现了整个分析过程。

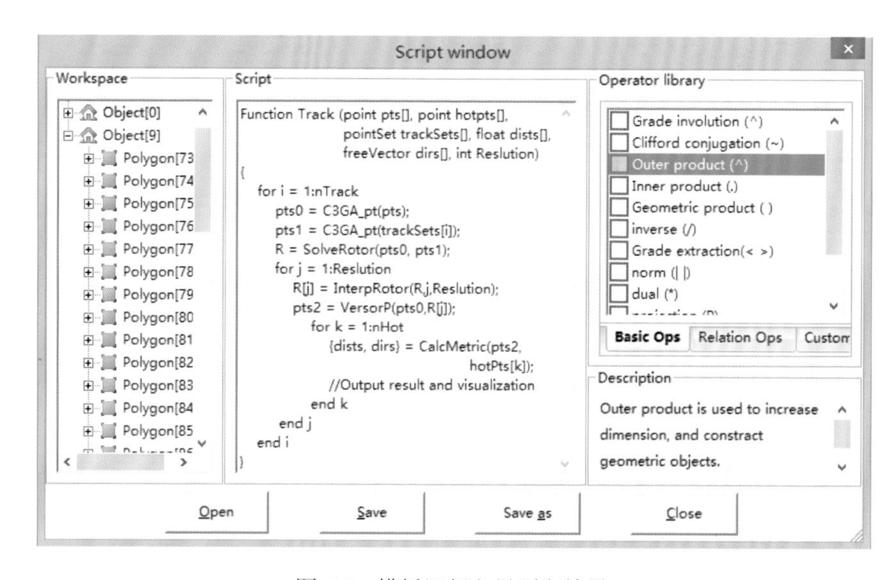

图 5.7　模板运行主界面和结果

图 5.8(a) 是本实验模板运行参数配置及插值运算结果，与传统方法相比，基于几何代数框架的三维社区场景建模可实现场景中对象几何关系的批量计算及运

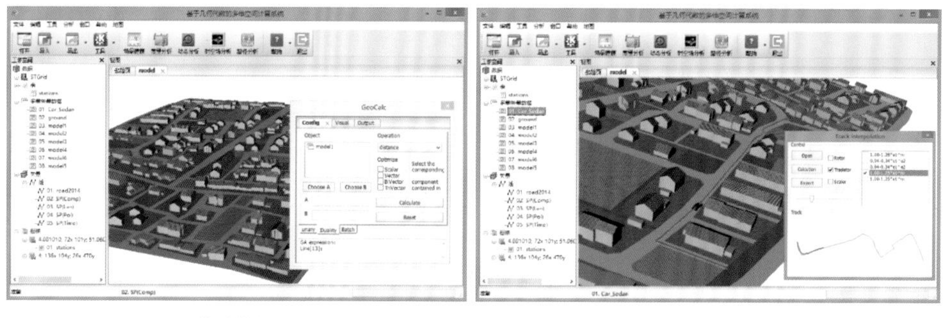

(a) 计算前模板参数配置　　(b) 动态对象轨迹载入与插值

图 5.8　模板运行主界面和结果

动对象动态插值。应用车辆模型和车辆位置模拟数据，可对车辆在场景中的运动情况进行动态模拟，并实时计算其距离与角度等空间特征间的关系。图 5.8(b)为运动对象插值计算演示，图中深色轨迹为读取的原始数据，浅色轨迹为经过 versor 插值后的结果数据。由结果可知，基于 versor 的运动插值可保证插值轨迹相对均匀、平滑，且可推算出任意时刻车辆所在的位置信息及其运动参数。

5.4 本 章 小 结

本章通过基于几何代数计算模型的设计，实现了几何代数计算空间向 GIS 计算空间的拓展，提出了模板式的 GIS 算法设计。首先，基于多重向量的 GIS 计算结构的分析，探讨了基于几何代数的 GIS 空间关系计算及计算模板构建等问题；通过分析 GIS 空间表达与分析需求，构建了以参数和算子为基础的空间分析模板。其次，通过研究在几何代数框架下的常用空间计算流程和运算特性，解析相关几何代数表达的算子算法，并结合 GIS 空间表达与计算模式，定义了基于 GA 的 GIS 空间表达参数体系和空间计算算子库。最后，运用典型空间分析模型的流程分割方法与结构拆分方法，继承、改造和构造基于几何代数的地理空间计算模型的运算模式，构建了三类典型的空间模板，并给出示范案例，实现了基于 GA 空间分析模板的地理空间分析算法设计与开发。

第6章　基于几何代数的GIS并行化计算方法

并行计算可通过各处理器之间相互协同并行地执行子任务，从而达到加快求解速度或降低求解规模的目的。几何代数的表达和运算所具有的统一性和自适应性，为并行算法的设计提供了天然的优势，而几何代数在表达过程中附加维度的引入是算法效率提高的一大阻碍。本章首先从代数的视角，对几何代数表达、运算加以优化，而后从并行程序设计模式出发，讨论几何代数对并行算法的支撑，进而设计GIS算法并行化方法。

6.1　几何代数运算优化及并行化方法

6.1.1　基于位运算的向量编码

位运算具有更高的执行效率，通过对几何代数基向量进行位编码可实现几何代数积运算的快速求解(Hildenbrand，2013b)。表6.1为几何代数blade到位图(bitmap)的映射表。由于blade是由向量外积构建的，可根据基向量的顺序在特定的位置上用二进制值1或0标定，则e_1可用001来表示，e_1e_2可用011来表示，标量由于不包含任何基向量，可用0来表示。

表6.1　Blade到位图的映射表(Hildenbrand，2013b)

blade	位图表达	blade	位图表达
1	0	$e_1 \wedge e_3$	101
e_1	1	$e_2 \wedge e_3$	110
e_2	10	$e_1 \wedge e_2 \wedge e_3$	111
$e_1 \wedge e_2$	11	e_4	1000
e_3	100	……	……

根据blade的定义可知，e_1e_2是由e_1和e_2外积求得的，再结合它们的bitmap表达，可将外积定义为加和运算。例如，运算$e_1 \wedge e_3 = e_1e_3$可表达为1+100=101。另外，由于参与外积运算的两个blade要求线性不相关，即不能包含有相同的基向量，否则结果为0。因而可通过按位与运算(&)进行判断，当与运算结果为1时，表示二者线性相关，则外积的结果为0。此外，由于外积运算本身具有方向

性，即 $e_3 \wedge e_1 = -e_1 \wedge e_3$，每次进行外积运算前需要先将所有基向量由小到大排列，且每交换一次基向量，结果的符号就变换一次，当交换次数为奇数时，在前面置 –1，否则结果不变。图 6.1(a)为将参与运算的对象排为正常顺序后，结果的符号求解算法。图 6.1(b)演示了基于位运算的外积求解算法。

```
//函数功能：计算将参与运算的blade a和b转换成正常顺序后，所应返回的符号
//输入参数：由bitmap表达的blade a，b
//输出参数：符号1.0或者-1.0
double ReorderingSign(int a, int b){
    a = a >>> 1;
    int sum = 0;//交互次数
    while (a != 0)
    {
        //计算参数中基向量的个数
        sum = sum +
subspace.Bits.bitCount(a & b);
        a = a >>> 1;
    }
    return ((sum & 1) == 0)? 1.0:-1.0;
}
```

(a) 结果符号求解算法

```
//函数功能：外积计算
//输入参数：由bitmap表达的blade a，b
//输出参数：符号1.0或者-1.0
Blade op(Blade a, BasisBlade b){
    //判断是否存在线性相关
    if (((a.bitmap & b.bitmap) != 0))
    return new Blade(0.0);
    //计算外积的bitmap
    int bitmap = a.bitmap + b.bitmap;
    //计算外积的bitmap
    double sign =
ReorderingSign(a.bitmap, b.bitmap);
    //结果输出
    return new Blade(bitmap, sign *
a.scale * b.scale);
}
```

(b) 外积求解算法

图 6.1 基于位运算的外积求解算法

6.1.2 基于预乘表的基本运算优化

1. 预乘表定义

对于给定的几何代数空间，由于各基向量进行几何代数运算的规则是已知的，上述规则可以通过预乘表的形式给出，预乘表描述了各个 blade 之间的积结果。以二维欧氏空间中基向量几何积的预乘表为例，该几何代数系统中仅存在如下的代数对象，分别为：零维对象 1，两个一维基向量 e_1、e_2 和二维对象 $e_1 \wedge e_2$，可得到 4×4 的预乘表(表 6.2)，表中的第一行、第一列表示参与几何积计算的基向量。

表 6.2 二维欧氏空间预乘表(Hildenbrand，2013b)

	1	e_1	e_2	$e_1 \wedge e_2$
1	1	e_1	e_2	$e_1 \wedge e_2$
e_1	e_1	1	$e_1 \wedge e_2$	e_2
e_2	e_2	$-e_1 \wedge e_2$	1	$-e_1$
$e_1 \wedge e_2$	$e_1 \wedge e_2$	$-e_2$	e_1	–1

两个 blade 之间的积运算仍然可通过预乘表计算。定义空间基向量 E_i ，且有 $E_0=1$，$E_1=e_1$，$E_2=e_2$，$E_3=e_1\wedge e_2$ ，则可构建预乘表如表 6.3 所示，表中第一行与第一列表示 blade 的系数，即通过该表可计算任意两个 blade $A=a_iE_i$ 和 $B=b_jE_j$ 间的几何积运算。

表 6.3　由 E_1、E_2、E_3 和 E_4 构成的二维几何代数预乘表（Hildenbrand，2013b）

		b	b_0	b_1	b_2	b_3
			E_0	E_1	E_2	E_3
a			1	e_1	e_2	$e_1\wedge e_2$
a_0	E_0	1	E_0	E_1	E_2	E_3
a_1	E_1	e_1	E_1	E_0	E_3	E_2
a_2	E_2	e_2	E_2	$-E_3$	E_0	$-E_1$
a_3	E_3	$e_1\wedge e_2$	E_3	$-E_2$	E_1	$-E_0$

几何积、外积与内积都是线性积运算，可通过分配律分解加法运算。对于给定的两个任意多重向量 $a=\sum_i a_iE_i$ 和 $b=\sum_j b_jE_j$ ，其几何积为

$$x=ab=\left(\sum_i a_iE_i\right)\left(\sum_j b_jE_j\right) \tag{6.1}$$

式(6.1)可被改写成如下形式：

$$x=\sum_i\sum_j a_ib_j(E_iE_j) \tag{6.2}$$

或者是 blade E_{ij} 的线性组合：

$$x=\sum_i\sum_j a_ib_j(m_{ij}E_{ij}) \tag{6.3}$$

式中，m_{ij} 的取值为 0、1 或者–1，则可进一步改写为

$$x=\sum_i\sum_j c_{ij}E_{ij} \tag{6.4}$$

给定参数 $c_{ij}=m_{ij}a_ib_j$ ，整理式(6.4)得

$$x=\sum_k c_kE_k \tag{6.5}$$

式中，c_k 的值为

$$c_k = \sum_{i,j:E_{ij}=E_k} m_{ij} a_i b_j \tag{6.6}$$

基于表 6.3 给出的二维欧氏空间中的几何积预乘表可知，$m_{ij}a_ib_j$ 可认为是两个 blade $A=a_iE_i$，$B=b_jE_j$ 间的几何积运算，则几何积方程式 $x=ab$ 结果的系数 c_k 可以通过公式 $\sum \pm a_i * b_j$ 求得，其中 $\pm$ 为几何积运算的符号，用于表达参与运算 blade 的顺序。

将表 6.3 向高维扩展可进一步得到 n 维空间的几何积预乘表。表 6.4 为三维欧氏几何代数空间中多重向量 $a=\sum a_iE_i$ 和 $b=\sum b_iE_i$ 的几何积预乘表。同理，其他积运算也可通过如表 6.4 的结构求解。表 6.5 为三维欧氏空间中的外积运算。由于两个相同基向量的外积 $e_i \wedge e_i = 0$，所以表中大多数的元素为 0。

表 6.4　三维欧氏 GA 空间多重向量的几何积预乘表（Hildenbrand，2013b）

	b	E_0	E_1	E_2	E_3	E_4	E_5	E_6	E_7
a		1	e_1	e_2	e_3	e_{12}	e_{13}	e_{23}	e_{123}
E_0	1	E_0	E_1	E_2	E_3	E_4	E_5	E_6	E_7
E_1	e_1	E_1	E_0	E_4	E_5	E_2	E_3	E_7	E_6
E_2	e_2	E_2	$-E_4$	E_0	E_6	$-E_1$	$-E_7$	E_3	$-E_5$
E_3	e_3	E_3	$-E_5$	$-E_6$	E_0	E_7	$-E_1$	$-E_2$	E_4
E_4	e_{12}	E_4	$-E_2$	E_1	E_7	$-E_0$	$-E_6$	E_5	$-E_3$
E_5	e_{13}	E_5	$-E_3$	$-E_7$	E_1	E_6	$-E_0$	$-E_4$	E_2
E_6	e_{23}	E_6	E_7	$-E_3$	E_2	$-E_5$	E_4	$-E_0$	$-E_1$
E_7	e_{123}	E_7	E_6	$-E_5$	E_4	$-E_3$	E_2	$-E_1$	$-E_0$

表 6.5　三维欧氏 GA 空间多重向量的外积预乘表（Hildenbrand，2013b）

	b	E_0	E_1	E_2	E_3	E_4	E_5	E_6	E_7
a		1	e_1	e_2	e_3	e_{12}	e_{13}	e_{23}	e_{123}
E_0	1	E_0	E_1	E_2	E_3	E_4	E_5	E_6	E_7
E_1	e_1	E_1	0	E_4	E_5	0	0	E_7	0
E_2	e_2	E_2	$-E_4$	0	E_6	0	$-E_7$	0	0
E_3	e_3	E_3	$-E_5$	$-E_6$	0	E_7	0	0	0
E_4	e_{12}	E_4	0	0	E_7	0	0	0	0
E_5	e_{13}	E_5	0	$-E_7$	0	0	0	0	0
E_6	e_{23}	E_6	E_7	0	0	0	0	0	0
E_7	e_{123}	E_7	0	0	0	0	0	0	0

2. 级联积运算

在几何代数运算中也可能出现多个积运算级联的情况，这种运算也被称为级联积运算，下面讨论此类运算的求解方法。以下式的求解为例：

$$b = e_2 \wedge e_3 \wedge e_1 = e_2 \wedge (e_3 \wedge e_1) \tag{6.7}$$

据式(6.7)可知，可通过两次外积运算，并根据表 6.5 的值来求得结果。由于有 $e_3 \wedge e_1 = -E_5$，则式(6.7)可改写为

$$b = e_2 \wedge (-E_5) \tag{6.8}$$

求得最终结果为 $b = -(-E_7) = E_7 = e_{123}$。

将上述计算过程推广可得，包含有 n 项 blade 的多重向量积运算，其结果为 n 个因子间的积运算的加和。据式(6.6)可知，各个积运算的系数结果为

$$x_p = \sum_{i,j:E_{ij}=E_p} m_{ij} a_i b_j \tag{6.9}$$

对于任意给定的三个多重向量 $A = \sum_i a_i E_i$ 、$B = \sum_j b_j E_j$ 、$C = \sum_k c_k E_k$ ，首先写出级联积运算的一般公式为

$$y = abc = \left(\sum_i a_i E_i\right)\left(\sum_j b_j E_j\right)\left(\sum_k c_k E_k\right) \tag{6.10}$$

代入式(6.9)得

$$y = abc = \left(\sum_p x_p E_p\right)\left(\sum_k c_k E_k\right) = \sum_p \sum_k x_p c_k (E_p E_k) \tag{6.11}$$

若将式(6.11)写成多重向量的形式 $y = \sum_q y_q E_q$ ，式中系数 y_q 的值为

$$\begin{aligned} y_q &= \sum_{p,k:E_{pk}=E_q} m_{p,k} x_p c_k = \sum_{p,k:E_{pk}=E_q} m_{p,k} \left(\sum_{i,j:E_{ij}=E_p} (m_{i,j} a_i) b_j \right) c_k \\ &= \sum_{p,k:E_{pk}=E_q} \sum_{i,j:E_{ij}=E_p} m_{pk} m_{ij} a_i b_j c_k \end{aligned} \tag{6.12}$$

即级联积运算的结果系数为上述三因子 a_i, b_j, c_k 积的和，其符号由 $m_{pk} m_{ij}$ 确定。

3. 非欧空间预乘表

同标准的欧氏空间相比，非欧空间的预乘表稍复杂。对于预乘表中的项$E_{i,j}$，由于e_i和e_j并不一定满足正交性，其所代表的积运算a_i*b_j也不一定为维度单一的对象。例如，共形几何代数空间中的e_0与e_∞的几何积结果为$e_0 \wedge e_\infty = -1$。维度复合对象的存在，使得其计算规则将会更为复杂。表 6.6 为五维共形空间预乘表的一维部分。

表 6.6 五维共形空间一维 blade 几何积预乘表(Hildenbrand，2013b)

	e_1	e_2	e_3	e_∞	e_0
e_1	1	e_1e_2	$-e_3e_1$	e_1e_∞	e_1e_0
e_2	$-e_1e_2$	1	e_2e_3	e_2e_∞	e_2e_0
e_3	e_3e_1	$-e_2e_3$	1	e_3e_∞	e_3e_0
e_∞	$-e_1e_\infty$	$-e_2e_\infty$	$-e_3e_\infty$	0	$-1+e_\infty e_0$
e_0	$-e_1e_0$	$-e_2e_0$	$-e_3e_0$	$-1-e_\infty e_0$	0

6.1.3 多重向量分片并行

根据上述两节的定义，可实现大多数的多重向量计算，并将其转变成同等大小的向量间的标量积运算。得益于几何代数的通用性，可以在较少的工作量下完成并行几何代数算法的设计。多重向量由不同维度的对象组合而成，根据基向量的定义，五维几何代数空间就有多达$2^5=32$个基向量，从而导致由该基向量线性组合而成的多重向量计算的复杂度增加，因此多重向量运算的优化是几何代数算法优化的重点和难点。

由于多重向量由基向量线性组合而成，首先可将多重向量分成不同维度的组分，并按照几何代数运算规则设计计算管道，从而实现一个或多个多重向量的系数计算并行以及各个管道阶段的计算并行。

假定某多重向量运算，经预乘表分解后，得到的系数计算公式为

$$\begin{aligned} p_{\mathrm{ex}} = (&\mathrm{pp}_j(\mathrm{pp}_{34}-\mathrm{pp}_{35})+\mathrm{pp}_k(\mathrm{pp}_{25}-\mathrm{pp}_{24})+ \\ &\mathrm{tmp}_{\mathrm{sqrt}}(\mathrm{pp}_{15}-\mathrm{pp}_{14}))/e_\infty\_\mathrm{pp} \end{aligned} \tag{6.13}$$

其多重向量分片并行与管道计算设计如图 6.2 所示。

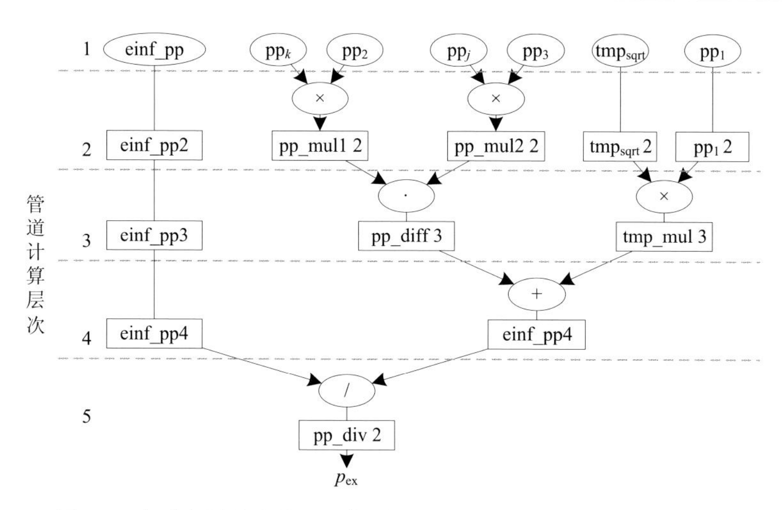

图 6.2　多重向量分片并行与管道计算设计(据 Hildenbrand，2013b)

另外考虑多重向量的项数过多，所有与之相关的运算都会是一个非常耗时的运算。例如，在 CGA 中，多重向量将会是 32 个 blade 的组合，那么在最坏的情况下，就需要存储多达 32 个 blade 系数。而当维度进一步增加时，比如达到 9 维时，其 blade 个数将达到 512 个。如果每个多重向量都存储高达 512 个的 blade 系数，其存储效率和计算效率会显著降低。为了进一步提升多重向量运算对高维空间的支持，必须要限制 blade 的增长规模。考虑到多数具有明确语义的多重向量，其构成 blade 的个数一般是有限的，因而可设计特定的存储结构(类)，仅存储非零的 blade 系数(如对于三维共形空间中的点对象，由于除了 e_0、e_1、e_2、e_3 和 e_∞，其他 blade 的系数必为 0，则仅需要存储上述 5 个 blade 的系数)。

如图 6.3(a)所示，其系数向量中存储的仅仅是 blade 系数中不为零的向量，而不会包含其他本身不存在(为零)的 blade 系数，这使得其在存储和计算时能极大减轻硬件压力。例如，如果多重向量中仅包含 E_0、$-E_2$、E_3、E_5、$-E_4$，这些 blade 及其符号将按原先的顺序存储在一个五维的 vector 中。

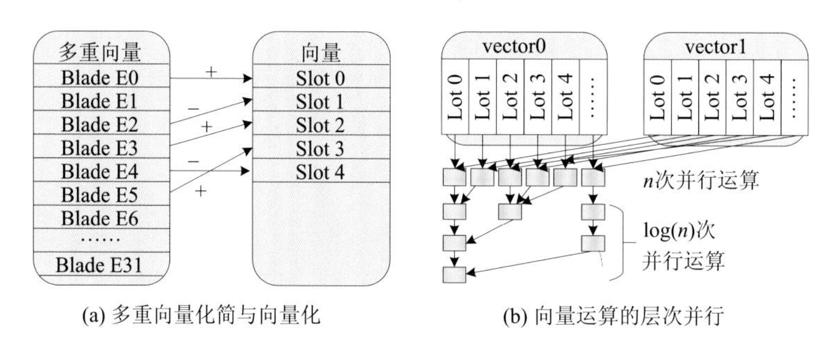

图 6.3　多重向量化简与并行化(据 Hildenbrand，2013b)

利用多重向量的分片和向量简化存储可以将多重向量间的运算转化成两向量间的运算。由于此处的向量仅仅是标量的简单连接，两个向量相乘即是向量 A 中所有的元素与其对应的向量 B 中的所有元素的并行乘积。利用向量的并行处理技术，也可以大幅提高运算效率。如图 6.3(b)所示，两个向量的内积主要由各组分间的系数乘法运算求得，通过并行，可以将 n 维向量的内积优化成 $\log_2 n$ 次并行计算。

6.1.4 运行时代码动态绑定

根据上述优化策略可知几何代数运算本身就具有很大的优化空间，而且多重向量表达的冗余度也很大，在进行数值求解前对求解的空间进行优化能较大程度地提高运行效率。这些特点都表明，几何代数算法适合在运行时进行代码绑定操作。图 6.4 为基于几何代数的算法在运行时的代码绑定示例，如图可知，该动态绑定方法可以对输入的几何代数算法和参数经解释、优化、并行化，最终生成可编译执行的 C++代码。

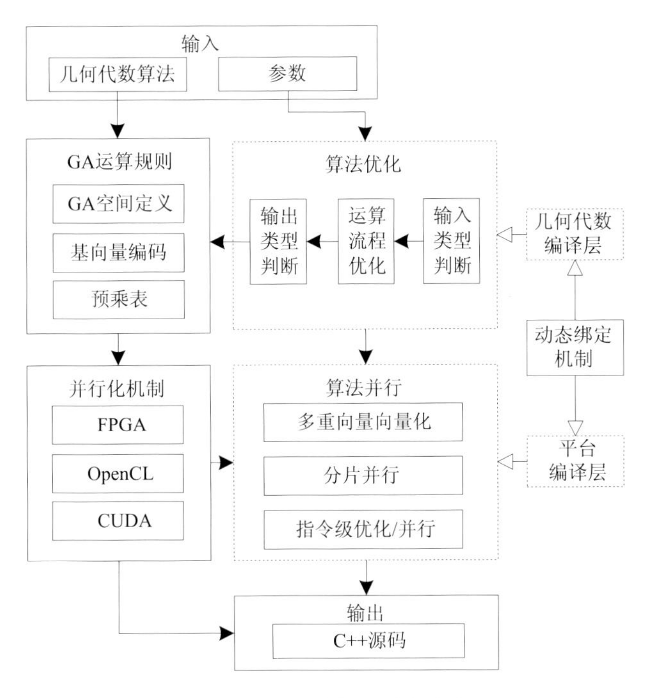

图 6.4 运行时代码动态绑定

动态绑定过程中，GA 运算规则与并行化机制是相对固定的，主要的绑定工作在算法优化和算法并行两个阶段；且整个绑定过程可分为两个步骤，分别是在几何代数空间的几何代数编译层和在计算机运算空间的平台编译层。

1. 几何代数编译层

在几何代数编译层，可先利用预乘表对多重向量的几何代数运算(如几何积、外积、内积、对偶、求逆运算等)进行处理和优化。其输入为几何代数算法，利用符号化的 GA 表达式实现运算的变换、化简与优化。还可以根据输入数据预测可能的输出结果，从而筛选出那些不需要参与计算的元素。以 versor 运算为例，可将变量指定为形如 rotor、translator 的多重向量类型，由于组成 rotor、translator 的 blade 组分是相对固定的，并不需要完整的 32 个 blade 的线性组合(以五维共形空间为例)，可以有效地减少存储空间并提升运算效率。此外，通过 blade 的交换操作也能对非零系数计算式的符号进行化简。

2. 平台编译层

在第二步则进行上述运算的平台层编译，得到可以编译运行的 C++代码。在该层，主要实现序列计算的高效运行，以及支持并行处理的积运算的处理。平台编译层的并行主要包括两个方面：①由于多重向量的各个系数是独立的，可以并行计算；②所有的系数计算均可通过指令级的并行加以优化。

在进行算法实现和并行化优化的时候，需要将几何代数运算绑定在算法代码中，该绑定流程如图 6.5 所示。首先，将参与运算的参数和运算算子绑定到几何代数空间类，进而通过 GA 算法的解析得到算法的执行流程，绑定运算类；之后，将运算结果绑定到运算类的输出参数；最后，根据几何代数编译层中对运算结果的预测，限定运算结果的类型，设定反射投影规则，筛选运算中的无效集，优化计算流程。

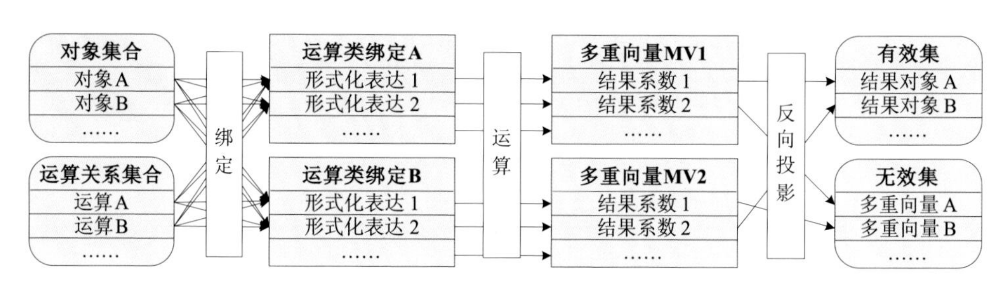

图 6.5　平台编译层运算绑定流程

6.2　面向模板化开发的 GIS 算法实现方法

6.2.1　GIS 模板化开发框架

为了使模板算法的构建过程更加简单和友好，这里使用脚本风格的编程方法，设计了基于脚本解析的计算模板构建总体框架，如图 6.6 所示。其核心步骤为脚本的两步解译：第一步将模板集成结构解译成基本 C++结构和基于几何代数的模板；第二步为几何代数模板结构的解译，将模板参数展开为由 C++对象表达的参数结构，将运算展开为 GA 算子。最后利用几何代数解译器 Gaalop (Hildenbrand，2013b)来解译几何代数操作及基本结构。

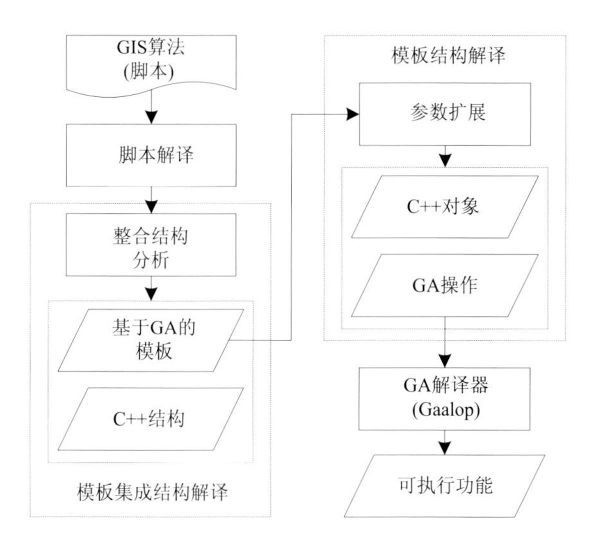

图 6.6　基于脚本解析的计算模板构建总体框架

在模板集成结构解译阶段，循环、分支等控制结构首先通过模板的集成关系被构建，接着通过算法计算序列来确定模板的执行序列。例如，作为参数的模板应该被优先计算。在模板结构解译阶段，通过分析模板参数的结构来确定采用何种方式对参数进行展开。Gaalop 可以被用来将几何代数脚本转换到 C++源代码，并且也能实现算子优化和 GA 算法的并行化(Hildenbrand，2013b)。

6.2.2　脚本化模板开发方法

根据计算规则和模板的整合模式，总共有 5 种用来进行模板设计的常用脚本结构，如表 6.7 所示。①Op(Par)是最常用的表达，为一元运算，可以用来计算几何体的特征或者对参数做变换操作；② $\mathrm{Op}(\mathrm{Par1},\mathrm{Par2},\cdots)$ 有不止一个参数，因此它经常被用来计算参数之间的关系；③ $\mathrm{Op1}*\mathrm{Op2}(\mathrm{Pars})$ 被用来作为模板的算子组合结构，在实际应用中通常使用别名来防止编程语法的错误；④ $\mathrm{Op1}(\mathrm{Op2}(\mathrm{Pars}),\mathrm{Pars})$ 用于表示算子与算子之间的组合结构，在运行期间 Op2() 块的计算结果会先通过验证，以保证 Op1() 的合法性；⑤ $\langle \mathrm{Op1}(\mathrm{Pars}),\mathrm{Fun}()\rangle \vDash \mathrm{Op2}(\mathrm{Pars})$ 被用来表示模板间的判断模式组合，其中 Fun() 是 Op1() 的判断函数。

表 6.7　模板的编程脚本

表达	示例	描述
Op(Par)	norm(ΔABC)	计算ΔABC的面积
Op(Par1,Par2,…)	meet(ΔABC, ΔDEF)	计算ΔABC和ΔDEF的 meet
Op1*Op2(Pars)	rotor*translator(ΔABC, R, T) = TRversor (ΔABC, $R*T$)	合并 rotor 和 translator 并将其作用于ΔABC
Op1(Op2(Pars),Pars)	meet(ΔABC, rotor(ΔDEF,R))	计算ΔABC和ΔDEF旋转后的交
⟨Op1(Pars), Fun()⟩ ⊨ Op2(Pars)	⟨meet^2($A\wedge B\wedge C\wedge e_\infty$,$D\wedge E\wedge F\wedge e_\infty$), isPostivie()⟩ ⊨ meet($\Delta ABC$, ΔDEF)	当平面 ABC 和 DEF 相交时，计算ΔABC和ΔDEF的交

像循环结构和分支结构一类的基础编程结构，由于其开发过程较简单，可通过参数扩展和算子整合的方式嵌入到模板中。但是，也存在一些复杂编程结构不能够被完全的嵌入，形如“for statement”、“if/else statement”和“while stamement”等传统结构仍然被沿用。

6.2.3　模板化算法实现

1. 几何代数空间定义

根据定义可知，几何代数空间是由代表空间维度的基向量和代表度量(metric)特征的度量矩阵构成的。度量矩阵决定了几何代数空间的运算特征，从而定义了空间中的正向量(positive)、负向量(negative)及空向量(null)。在程序实现中，基向量可通过常量 E0、E1、E2……表示，度量则可通过代表向量符号的整型数组表示。对于给定 n 维几何代数空间 G^n，其定义如图 6.7 所示。

```
typedef struct  space{
    int dim;//空间维度
    int *signs;//基向量的符号
}*Tspace;
```

图 6.7　空间数据结构定义

对于 n 维向量空间，由于空间中各基向量相互正交，满足 $e_i \bullet e_j = 0$，$e_i^2 = 1$，即各基向量均为正向量。其空间可定义为

$$\begin{cases} \dim = n \\ \text{signs}[i] = 1,\ i = 0,1,\cdots,n-1 \end{cases} \tag{6.14}$$

上述参数可唯一确定一个几何代数空间。指定几何代数空间后，需要进一步定义空间中的基本元素。这些基本元素包括 blade、multivector 和 versor。Blade 的构建需要考虑其可加性，以及外积的维度可扩展性。同时 multivector 是通过 blade 的加和得来的，blade 可理解为 multivector 的特殊情况，versor 则是一类用于表达对象运动，并具有可倒性的 multivector。下面分别对上述对象加以定义和实现。

1）Blade 定义

据上节定义可知 blade 是基于基向量的外积生成的，其一般表达是 $e_i \wedge \cdots e_j \wedge \cdots e_k$，$0 \leqslant i,j,k < n$。故可通过一个 k 元数组来表达 k-blade，元组中的数值表示基向量的序数，其基本结构定义如图 6.8 所示。

```
typedef struct blade{
    Tspace *sp;//几何代数空间
    int grade;//blade的维度，指定了元组中
元素的个数
    double coef;//blade的系数
    int *indexs;//组成blade的基向量序号
}*Tblade;
```

图 6.8 Blade 基本数据结构定义

图中 sp 是指当前 blade 所处的空间，coef 是指 blade 的系数。为了方便空间的表达，会进一步定义代表基向量的常量 E0、E1、E2，并由符号变量 signs 限定各常量的运算规则。

2）奇次多重向量(homogeneous multivector)

多重向量是由 blade 合并而成，一般为复合维度对象，即组成多重向量的 blade 具有不同的维度，但也存在一种特殊的多重向量，它具有唯一的维度，但是不能写成多个基向量外积的形式，也称其为奇次多重向量或 k-vector。例如，四维空间的奇次多重向量 $A = e_1 \wedge e_2 + e_3 \wedge e_4$，虽然它具有唯一的维度 2，但是由于不能写成基向量外积的形式，不能称为 blade。

由于组成奇次多重向量的各组分具有相同的维度，对于给定维度的几何代数空间，特定维度的对象的个数是恒定的，并可利用公式 C_n^k 计算，其中 n 为空间维

度，k 为当前奇次多重向量的维度。以五维共形空间为例，其在各维度下的奇次多重向量组分如表 6.8 所示，其中 e_1,e_2,e_3,e_0,e_∞ 分别为该空间的基向量。

表 6.8　共形空间中各维度下的奇次多重向量组分

维度	类型	Blades	个数
0	scalar	1	1
1	vector	e_1,e_2,e_3,e_∞,e_0	5
2	bivector	$e_1\wedge e_2,e_1\wedge e_3,e_1\wedge e_\infty,e_1\wedge e_0,$ $e_2\wedge e_3,e_2\wedge e_\infty,e_2\wedge e_0,e_3\wedge e_\infty,$ $e_3\wedge e_0,e_\infty\wedge e_0$	10
3	trivector	$e_1\wedge e_2\wedge e_3,e_1\wedge e_2\wedge e_\infty,e_1\wedge e_2\wedge e_0,$ $e_1\wedge e_3\wedge e_\infty,e_1\wedge e_3\wedge e_0,e_1\wedge e_\infty\wedge e_0,$ $e_2\wedge e_3\wedge e_\infty,e_2\wedge e_3\wedge e_0,e_2\wedge e_\infty\wedge e_0,$ $e_3\wedge e_\infty\wedge e_0$	10
4	quadvector	$e_1\wedge e_2\wedge e_3\wedge e_\infty,e_1\wedge e_2\wedge e_3\wedge e_0,$ $e_1\wedge e_2\wedge e_\infty\wedge e_0,e_1\wedge e_3\wedge e_\infty\wedge e_0,$ $e_2\wedge e_3\wedge e_\infty\wedge e_0$	5
5	pseudoscalar	$e_1\wedge e_2\wedge e_3\wedge e_\infty\wedge e_0$	1

据上述分析可知，奇次多重向量的表达首先需要根据空间维度和多重向量本身维度确定各组分，但同时也需要确定各组分的系数，因而可通过图 6.9 对其加以描述。

```
typedef struct hMV{
    Tspace *sp;//几何代数空间
    int grade;//多重向量的维度
    int ncmp;//组成多重向量组分个数，指定了系数矩
阵中元素的个数
    double *cmpCoef;//各组分的系数
}*ThMV;
```

图 6.9　奇次多重向量数据结构定义

3) 一般多重向量(general multivector)

一般多重向量并不要求维度唯一，因而可认为是奇次多重向量的加和。在程序设计中可以将其表达为一个奇次多重向量序列。这里利用链表结构对其加以表达，如图 6.10 所示。

```
typedef struct hMVNode{
    ThMV hhmv;//指向当前节点的奇次向量值
    struct hMVNode *NextNode;//指向下一个hMV节点
}*ThMVNode;

typedef struct gMV{
    Tspace *sp;//几何代数空间
    ThMVNode head;//指向奇次向量列表头的指针
}*TgMV;
```

图 6.10 一般多重向量数据结构定义

2. 模板运算结构定义

根据第 5 章对于模板的定义可知，为了更有利于 GIS 算法的设计，需要将上述几何代数空间及空间中对象扩展到 GIS 空间和 GIS 对象，从而实现 GIS 算法的设计。从技术实现上即需要得到参数数据结构、算子数据结构和模板数据结构。

1)参数与算子

设计参数和算子的类结构如图 6.11 所示。参数结构较为简单，需要在多重向量的基础上提供参数的类型信息和存储结构信息。从存储结构上看，线性存储的参数结构简单且可以通过内置 vector 实现，树状存储的参数需要利用辅助信息将 vector 存储的对象还原为树状结构。

```
/* para.h */
class para{
    public:
        /* 参数类型 */
        int iType;          //参数类型
        int iStructure;//结构类型

        /* 参数存储 */
        vector<TgMV> Mvs;

        /* 结构辅助信息 */
        int *index;
}
```

```
/* ope.h */
class ope{
    public:
        /* 算子类型 */
        int iType;                  //算子类型
        int nInput, *iITypes; //输入个数
        int nOutput, *iOTypes;//输出个数

        /* 算子存储 */
        TgMV Op;

        /* 参数设置 */
        SetInput(vector<para>);
        vector<para> GetOutput(void);

        /* 算子有效性验证 */
        verify(int);

        /* 参数存储 */
        vector<para> InParas;
        vector<para> OutParas;
        }
```

图 6.11 设计参数与算子数据结构定义

算子的类结构除了对其本身类型与算子加以存储外，还需要对输入输出参数加以限定，在这里输入、输出参数主要为算子提供接口定义，以及为后续模板结构的设计提供基础。参数设置方法可以将算子与参数(或者算子的输出)相连接，在进行参数连接的时候，可以通过有效性验证对算子所接入的参数有效性加以验证，该验证过程除了基于算子类的配置外，也需要考虑算子本身的参数特性(表 6.9)。算子计算结果通过 GetOutput() 方法导出，其输出结果为参数类型，可作为其他算子类的输入。

表 6.9　算子可能的输入与输出

算子	输入参数	输出参数
op_D	ParD	ParD
op_T	ParD , ParS , ParT	ParD , ParS , ParT
op_C	ParD , ParS	ParS

需要注意的是此处设计的算子并不实现最终的几何代数运算，此处也是对上节所提到的运行时代码动态绑定的考虑，算子仅是对几何代数运算表达式的存储，当所有模板构建完毕后，再将表达式嵌入几何代数空间进行化简与求解。

2) 模板

设计模板类结构的定义如图 6.12 所示，其基本成员为参数集合与算子集合，其主要功能是实现算子集与参数集之间的合并和集成，最终得到可执行的算法。由于模板基于脚本的方式构建，在类中存储了参数与算子所对应的符号表，通过 interp() 函数解析所输入的脚本，实现参数与算子的定义，并进一步实现模板结构的配置。模板类主要提供了四种模板配置接口，分别为：①直接设置算子参数；②设置两算子通过输入、输出相连接；③设置两算子通过算子的集成直接连接；④设置两算子通过断言连接(构成分支结构)。

当模板结构设置完毕后可通过 outscript() 方法输出 clu 脚本(Perwass，2003)，用于后续 Gaalop 的处理。在输出脚本前，会首先执行模板有效性验证，当验证不通过时可输出当前不匹配的算子。由于模板中所使用的参数都是 GIS 对象，outscript() 方法的输出为可执行的 clu 脚本，需要将 GIS 对象转换为 GA 对象。这里可以通过参数类型的解释，得到第 5 章提出的计算块内部的参数结构，实现参数的分解与几何代数空间的嵌入。

```
/* template.h */
class template {
    public:
        /* 模板结构类型 */
        int iType;

        /* 模板配制 */
        setInput(string op, vector<string> pars); //设置算子参数
        setInputOPD(string op, string op);//算子作为参数连接
        setInputOPR(string op, string op);//两算子集成
        setInputJUD(string op, string op);//算子作为断言

        /* 脚本解析 */
        interp(string script);

        /* 脚本输出 */
        string outscript(void);   //输出clu脚本，用于gaalop处理

        /* 模板自动生成 */
        autoGenTemplate(int*);

        /* 模板有效性验证 */
        verify(int);

        /* 参数集 */
        vector<para> pars;        //参数存储
        vector<string> sympars;   //参数符号表

        /* 算子集 */
        vector<ope> ops;          //算子存储
        vector<string> symops;    //算子符号表
}
```

图 6.12　算法模板结构定义

此外模板类还提供了结构自动生成方法 autoGenTemplate()，该方法主要利用了基于几何代数算法流程的一致性，根据算子间的结合规则自动生成可能的结构。模板结构的自动生成也需要辅助信息，首先在当前模板类型中，不同的类型其构建流程也不尽相同，其中分散结构与聚合结构需要确定位于中心位置的算子，串行结构则需要明确算子合并的顺序。因此，另外一个辅助信息即算子的结合顺序，可以通过自动生成函数的输入参数来确定。

当模板结构和算子顺序确定后，下面需要解决的就是算子与算子间如何合并的问题。根据算子的类型，它所具有的合并方式也是已知的(表 6.10)。其中 Opd 是指算子作为参数集成，Opr 是指算子与算子通过几何代数运算合并，Jud 是指算子作为断言条件与另一个算子构成分支结构。但由于部分算子间的结合可能不止一种情况，例如两个维度算子间可能有 Opd 和 Opr 两种结合方式，则在 autoGenTemplate()时会提出多种方案供用户选择。

表 6.10　算子 op_1、op_2 间可能的集成方式

$op_1 \backslash op_2$	op_D	op_T	op_C
op_D	Opd/Opr	Opd	Opd
op_T	Opd	Opd/Opr	Opd
op_C	Opd/Jud	Opd/Jud	Opd/Jud/Opr

6.3　GIS 算法优化及并行化方法

6.3.1　GIS 算法并行总体框架

并行计算是实现大规模空间分析，提升空间分析效率的有效途径。现有 GIS 空间分析算法在流程和结构上往往具有“定制”特性，对并行计算的支撑能力弱。基于几何代数算子的多维空间计算框架，在运算结构上具有简明性与可拆分性，且不同算子几何意义的明确性、可继承性及结构不变性保证了最终的运算结构与中间计算过程的次序无关，从而可以从底层直接支撑并行计算。构建基于几何代数的空间计算模板并行优化方法如图 6.13 所示，按几何代数算法流程对多重向量表达进行优化，实现数据并行；对几何代数算法流程加以粒度分解，实现算法层面并行；对基于几何代数的形式化表达进行优化精简，对空间计算引擎中的几何代数运算和算子并行化改造，实现运算层并行，最后从计算机软硬件出发，完成并行算法的设计。

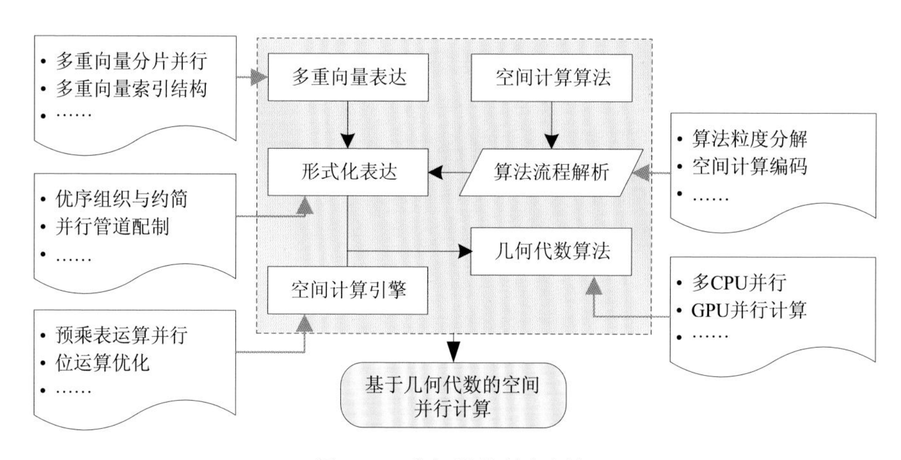

图 6.13　空间计算并行框架

图 6.14 从计算模板、任务层、算法层并行优化入手，对空间分析模型进行粒

度分割与重组，并通过对模型流程的分析，解析其数据流运算过程，建立数据信息的同步机制，实现基于算法推送和数据拉取的并行计算流程。

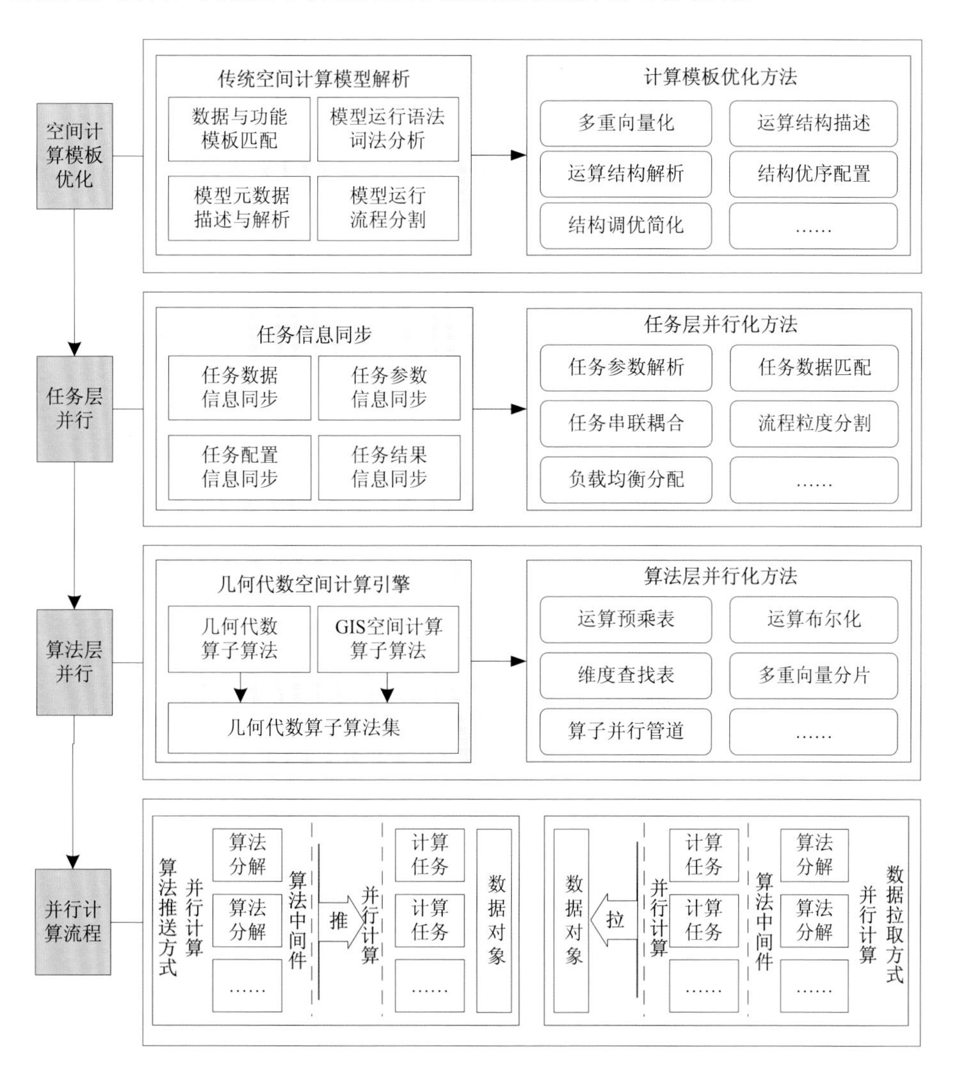

图 6.14　空间计算并行优化方法

建立适用于空间计算模板运算的几何代数算子算法集及其优化方法：首先，通过对空间分析模型的流程解析与计算编码，实现对模型的流程解析与运算结构优化；然后，利用几何代数实现运算对象及运算结构的多重向量化，实现基于几何代数语言的运算结构描述；最后，为算法层面的几何代数运算的并行化提供基础。利用模型运算的结构化模板进行对象与参数的动态绑定，并利用元编程及预定义计算模板等技术实现模型运算代码的自动生成。在算法的并行化运算层面上，根据算子的参数输入/输出需求构建参数提取规则，进行运算结构的设计与定义。根据时间复杂度、任务开销等限制条件，研究运算流程的最优粒度分割方法，实现算法运算流程控制的负载均衡策略。

6.3.2 基于模板结构的算法并行化

并行算法的设计与算法结构息息相关，传统算法由于结构不统一、通用性差等问题，难以构建一个相对稳定的算法并行化策略，并行算法的通用性和可推广性都较差。本书基于几何代数设计了模板式的算法开发，所总结归纳的三种基本模板结构可以为算法并行化策略的构建提供基础。

1. 基于分散模板的数据并行

分散模板是基于几何代数表达中几何对象维度无关和类型无关的特性建立起来的，即同一算法可以运用于不同的数据，因而可将参数由复合对象分解为子对象(这种分解只适用于序列结构的参数，如果是层次结构，只能在特定层次上分解)，而分解出来的子对象的运算是相互独立的，因而可实现数据层并行。分散模板算法的算法并行化策略如图 6.15 所示。

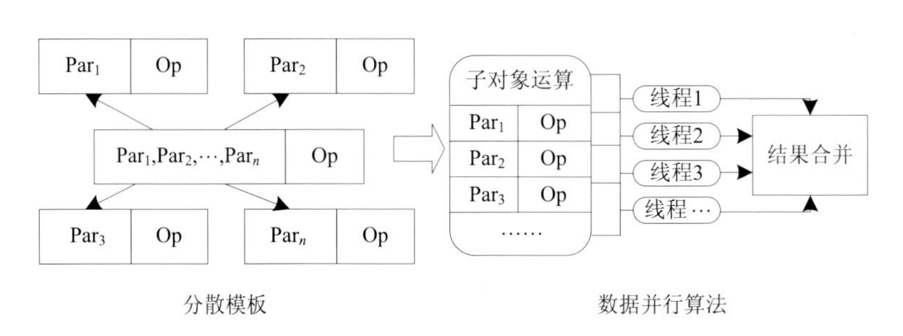

图 6.15　分散模板并行化策略

2. 基于聚合模板的任务并行

聚合模板是指多个算子同时作用于一个对象上,通常当这些算子可以集成时，可以通过几何代数运算，将其合并成一个运算(如可将旋转和平移合并)。另外一种思路是，通过算子的代数式表达，集成多个表达得到最优解，该方法多用于约束关系的求解，当算子无法被合并，且模板的目的并不是求解约束时，此时根据各算子的独立性，可以设计基于聚合模板的任务并行算法(图 6.16)。

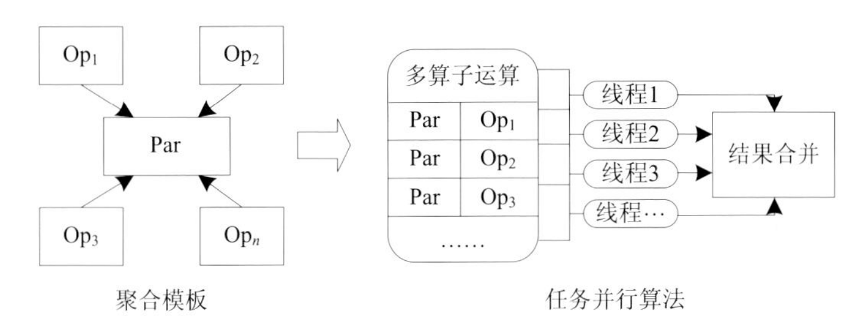

图 6.16 聚合模板并行化策略

3. 基于串行模板的算法优化

串行模板中的运算具有先后顺序，即只有当前一个算子计算完毕后，才可进行下一个算子运算，其顺序执行的特性限制了并行算法的构建。但由于基于几何代数的方法可实现计算的代数化，通过参数表达，可以在算子执行运算前得到各个步骤的表达，通过对代数表达的约减和优化，同样可以较大幅度提高算法运行的效率。图 6.17 为将包含 4 个主要步骤的串行模板转换成最终对特定参数求解的算法优化流程。由于该优化过程需要将参数具化为其几何代数表达，串行模板的优化主要是在 Gaalop 中进行。

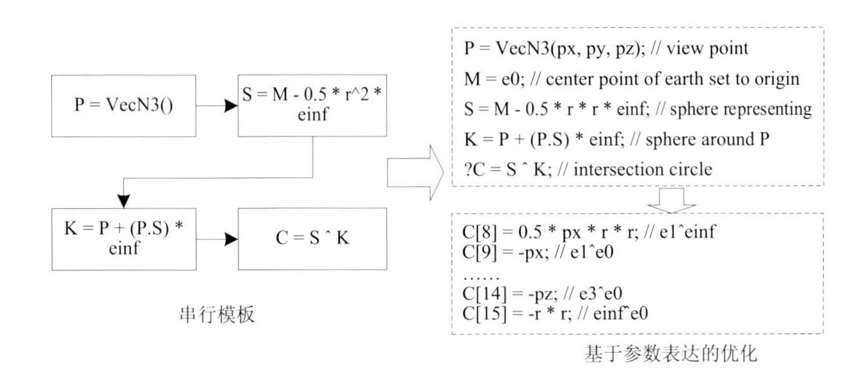

图 6.17 串行模板优化策略

6.3.3 并行化案例

本案例构建了基于 GPU 的多维对象快速求交算法。不同几何对象的相交关系会随着对象类型和位置关系的变化而变化，传统欧氏几何中需要对不同维度对象的各种相交情况分别进行处理，导致时变对象的求交计算较为复杂，对动态空间关系计算的支撑不足。在几何代数中，不同几何对象间所共有的最大子空间可以通过 meet 算子获得，且计算过程具有统一性，有利于并行算法的设计与实现。在几何代数多维统一计算框架下实现球体并行相交检测程序，并随机生成 0.5k、1k、2.5k、5k 和 10k 的球体数据，来验证几何代数并行相交检测算法的效率。如图 6.18 所示，基于 GPU 的并行求交算法可以大幅度提高算法的执行效率，且相交的球体越多，基于 CGA 并行效率的提升越明显。

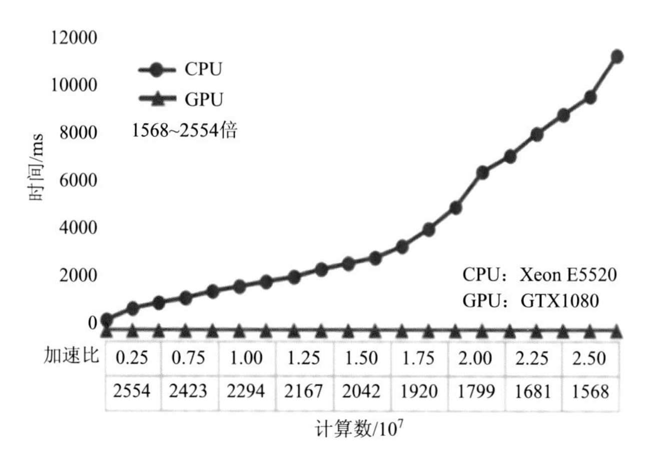

计算数/10^7	0.25	0.75	1.00	1.25	1.50	1.75	2.00	2.25	2.50
加速比	2554	2423	2294	2167	2042	1920	1799	1681	1568

图 6.18　基于 GPU 的并行求交算法效率对比图

下面附上各步骤的代码示意，其中原始脚本代码是指用模板导出的算法源码，Gaalop 优化生成代码是指利用 Gaalop 工具对序列算法优化后的结果，基于 OpenCL 并行代码和基于 GPU 的并行代码分别是基于 OpenCL 和 GPU 架构的并行代码。

1. 原始脚本代码

```
_kernel void horizonKernel(__global float* mmeets,__global const float* Mpoints,__global const float* MMpoints,__global const float* rs,__global const float* rrs)
{
    const int id = get_global_id(0);
    const float Mx = Mpoints[3*id+0];
    const float My = Mpoints[3*id+1];
    const float Mz = Mpoints[3*id+2];
    const float r = rs[id];
```

```
    const float MMx = MMpoints[3*id+0];
    const float MMy = MMpoints[3*id+1];
    const float MMz = MMpoints[3*id+2];
    const float rr = rrs[id];

#pragma gpc begin
#pragma clucalc begin
    M = VecN3(Mx,My,Mz);
    MM = VecN3(MMx,MMy,MMz);
    SA = M-0.5*r*r*einf;
    SB = MM-0.5*rr*rr*einf;
    ?X = *SA . SB;
    ?XX = X*X;

#pragma clucalc end
    mmeets[id] = mv_get_bladecoeff(XX,1);
#pragma gpc end
}
```

2. Gaalop 优化生成代码

```
// CPUtest2.cpp : 定义控制台应用程序的入口点。
int a = -10000; int b = 10000;
int Ra = 0; int Rb = 5000;
bool SphereSphereTest(int id1,int id2,float* mmeets,const float*
Mpoints,const float* MMpoints,const float* rs,const float* rrs) {
    const float Mx = Mpoints[3*id1+0];
    const float My = Mpoints[3*id1+1];
    const float Mz = Mpoints[3*id1+2];
    const float r = rs[id1];
    const float MMx = MMpoints[3*id2+0];
    const float MMy = MMpoints[3*id2+1];
    const float MMz = MMpoints[3*id2+2];
    const float rr = rrs[id2];
//#pragma gpc multivector M
```

```
float M;
//#pragma gpc multivector MM
float MM;
//#pragma gpc multivector SA
float SA;
//#pragma gpc multivector SB
float SB;
//#pragma gpc multivector X
float X[10];
//#pragma gpc multivector XX
float XX;
//#pragma gpc multivector_component M einf M
M = (Mx * Mx + My * My + Mz * Mz) / 2.0;
//#pragma gpc multivector_component MM einf MM
MM = (MMx * MMx + MMy * MMy + MMz * MMz) / 2.0;
//#pragma gpc multivector_component SA einf SA
SA = M - r / 2.0 * r;
//#pragma gpc multivector_component SB einf SB
SB = MM - rr / 2.0 * rr;
//#pragma gpc multivector_component X e1^e2^e3 X[0]
X[0] = (-SA) + SB;
//#pragma gpc multivector_component X e1^e2^einf X[1]
X[1] = (-(SA * MMz)) + (-((-Mz) * SB));
//#pragma gpc multivector_component X e1^e2^e0 X[2]
X[2] = MMz + (-Mz);
//#pragma gpc multivector_component X e1^e3^einf X[3]
X[3] = SA * MMy + (-(My * SB));
//#pragma gpc multivector_component X e1^e3^e0 X[4]
X[4] = (-MMy) + My;
//#pragma gpc multivector_component X e1^einf^e0 X[5]
X[5] = (-Mz) * MMy + My * MMz;
//#pragma gpc multivector_component X e2^e3^einf X[6]
X[6] = (-(SA * MMx)) + (-((-Mx) * SB));
//#pragma gpc multivector_component X e2^e3^e0 X[7]
```

```
X[7] = MMx + (-Mx);
//#pragma gpc multivector_component X e2^einf^e0 X[8]
X[8] = (-((-Mz) * MMx)) + (-Mx) * MMz;
//#pragma gpc multivector_component X e3^einf^e0 X[9]
X[9] = (-(My * MMx)) + (-((-Mx) * MMy));
//#pragma gpc multivector_component XX 1 XX
XX = (-(X[0] * X[0])) + X[1] * X[2] + X[2] * X[1] + X[3] * X[4] + X[4]
* X[3] + X[5] * X[5] + X[6] * X[7] + X[7] * X[6] + X[8] * X[8] + X[9]
* X[9];
    mmeets[id1] = XX;
    return 0;
}
```

3. 基于 OpenCL 的并行代码

```
__kernel void horizonKernel(__global float* mmeets,__global const
float* Mpoints,__global const float* MMpoints,__global const float*
rs,__global const float* rrs)
{
    const int id = get_global_id(0);
    const float Mx = Mpoints[3*id+0];
    const float My = Mpoints[3*id+1];
    const float Mz = Mpoints[3*id+2];
    const float r = rs[id];
    const float MMx = MMpoints[3*id+0];
    const float MMy = MMpoints[3*id+1];
    const float MMz = MMpoints[3*id+2];
    const float rr = rrs[id];
//#pragma gpc multivector M
float M;
//#pragma gpc multivector MM
float MM;
//#pragma gpc multivector SA
float SA;
//#pragma gpc multivector SB
```

```
float SB;
//#pragma gpc multivector X
float X[10];
//#pragma gpc multivector XX
float XX;

//#pragma gpc multivector_component M einf M
M = (Mx * Mx + My * My + Mz * Mz) / 2.0;
//#pragma gpc multivector_component MM einf MM
MM = (MMx * MMx + MMy * MMy + MMz * MMz) / 2.0;
//#pragma gpc multivector_component SA einf SA
SA = M - r / 2.0 * r;
//#pragma gpc multivector_component SB einf SB
SB = MM - rr / 2.0 * rr;
//#pragma gpc multivector_component X e1^e2^e3 X[0]
X[0] = (-SA) + SB;
//#pragma gpc multivector_component X e1^e2^einf X[1]
X[1] = (-(SA * MMz)) + (-((-Mz) * SB));
//#pragma gpc multivector_component X e1^e2^e0 X[2]
X[2] = MMz + (-Mz);
//#pragma gpc multivector_component X e1^e3^einf X[3]
X[3] = SA * MMy + (-(My * SB));
//#pragma gpc multivector_component X e1^e3^e0 X[4]
X[4] = (-MMy) + My;
//#pragma gpc multivector_component X e1^einf^e0 X[5]
X[5] = (-Mz) * MMy + My * MMz;
//#pragma gpc multivector_component X e2^e3^einf X[6]
X[6] = (-(SA * MMx)) + (-((-Mx) * SB));
//#pragma gpc multivector_component X e2^e3^e0 X[7]
X[7] = MMx + (-Mx);
//#pragma gpc multivector_component X e2^einf^e0 X[8]
X[8] = (-((-Mz) * MMx)) + (-Mx) * MMz;
//#pragma gpc multivector_component X e3^einf^e0 X[9]
X[9] = (-(My * MMx)) + (-((-Mx) * MMy));
```

```
//#pragma gpc multivector_component XX 1 XX
XX = (-(X[0] * X[0])) + X[1] * X[2] + X[2] * X[1] + X[3] * X[4] + X[4]
* X[3] + X[5] * X[5] + X[6] * X[7] + X[7] * X[6] + X[8] * X[8] + X[9]
* X[9];
    mmeets[id] = XX;
}
```

4. 基于 GPU 的并行代码

```
int a = -10000;
int b = 10000;
int Ra = 0;
int Rb = 5000;
void readFile(std::stringstream& resultStream,std::ifstream& fileStream)
{
  std::string line;
  while(fileStream.good())
  {
    getline(fileStream,line);
    resultStream << line << std::endl;
  }
}
void readFile(std::stringstream& resultStream,const char* filePath)
{
  std::ifstream fileStream(filePath);
  readFile(resultStream,fileStream);
}
void readFile(std::string& resultString,const char* filePath)
{
  std::stringstream resultStream;
  readFile(resultStream,filePath);
  resultString = resultStream.str();
}
int main(int argc, char **argv)
{
```

```
struct timeb startTime , endTime;

// list platforms
std::vector<cl::Platform> platforms;
cl::Platform::get(&platforms);
std::cout << "listing platforms\n";
for (std::vector<cl::Platform>::const_iterator it =
        platforms.begin(); it != platforms.end(); ++it)
    std::cout << it->getInfo<CL_PLATFORM_NAME> () << std::endl;

// create context
cl_context_properties properties[] = { CL_CONTEXT_PLATFORM,
        (cl_context_properties)(platforms[0])(), 0 };
cl::Context context(CL_DEVICE_TYPE_ALL, properties);
std::vector<cl::Device> devices = context.getInfo<
        CL_CONTEXT_DEVICES> ();
cl::Device& device = devices.front();

// create command queue
cl::CommandQueue commandQueue(context, device);

// settings
char buffer[256];
std::ifstream in;
std::ofstream out;
in.open("org.csv",std::ios::in);
out.open("target.csv",std::ios::out|std::ios::trunc);


while (!in.eof() )
{
    in.getline (buffer,100);
    unsigned int num = atoi(buffer);
```

```
        size_t mumSpheres = num;

        float * Mpoints = new float[3*mumSpheres];
        float * MMpoints = new float[3*mumSpheres];
        float * rs = new float[mumSpheres];
        float * rrs = new float[mumSpheres];
        float * mmeets = new float[mumSpheres];

    ftime(&startTime);
        for (int i = 0;  i < mumSpheres;  i++)
        {
            Mpoints[3*i+0] = (rand() % (b-a))+ a + 1;
            Mpoints[3*i+1]  = (rand() % (b-a))+ a + 1;

            Mpoints[3*i+2]  = (rand() % (b-a))+ a + 1;
            rs[i]  = (rand() % (Rb-Ra))+ Ra + 1;

            MMpoints[3*i+0]  = (rand() % (b-a))+ a + 1;
            MMpoints[3*i+1]  = (rand() % (b-a))+ a + 1;
            MMpoints[3*i+2]  = (rand() % (b-a))+ a + 1;
            rrs[i] = (rand() % (Rb-Ra))+ Ra + 1;
        }

    // Allocate the OpenCL buffer memory objects for source and result
on the device GMEM
    clDeviceVector<cl_float>
dev_Mpoints(context,commandQueue,mumSpheres * 3,CL_MEM_READ_ONLY);
    clDeviceVector<cl_float>
dev_MMpoints(context,commandQueue,mumSpheres * 3,CL_MEM_READ_ONLY);
    clDeviceVector<cl_float>
dev_rs(context,commandQueue,mumSpheres,CL_MEM_READ_ONLY);
    clDeviceVector<cl_float>
dev_rrs(context,commandQueue,mumSpheres,CL_MEM_READ_ONLY);
    clDeviceVector<cl_float>
```

```
dev_mmeets(context,commandQueue,mumSpheres,CL_MEM_READ_ONLY);

    // read the OpenCL program from source file
    std::string sourceString;
    readFile(sourceString, "Horizon.cl");
    if(sourceString.empty())
        readFile(sourceString, "Horizon.cl");
    cl::Program::Sources clsource(1, std::make_pair(
            sourceString.c_str(), sourceString.length()));
    cl::Program program(context, clsource);

    std::cout << sourceString;

    // build
    program.build(devices);
    std::cout
            << program.getBuildInfo<CL_PROGRAM_BUILD_LOG> (device)
            << std::endl;

   // create kernel and functor
    cl::Kernel horizonKernel(program, "horizonKernel");
    cl::KernelFunctor horizonFunctor = horizonKernel.bind (commandQueue,
            cl::NDRange(mumSpheres),cl::NullRange);

   // ---------------------------------------------------------
   // Start Core sequence... copy input data to GPU, compute, copy results
back

            // Asynchronous write of data to GPU device
            dev_Mpoints = Mpoints;
            dev_MMpoints = MMpoints;
            dev_rs = rs;
            dev_rrs = rs;
```

```
            // Launch kernel

            horizonFunctor(dev_mmeets.getBuffer(),dev_Mpoints.getBuf
            fer(),dev_MMpoints.getBuffer(),dev_rs.getBuffer(),dev_rrs.
            getBuffer());

            //  Synchronous/blocking  read  of  results,  and  check
accumulated errors
            dev_mmeets.copyTo(mmeets);

        ftime(&endTime);
        float runTime = (endTime.time-startTime.time)*1000 + (endTime.
millitm - startTime.millitm);

        std::cout <<num<< "    Time:" << runTime << std::endl;
        out<<num<<","<< runTime <<std::endl;

        delete[] Mpoints;
        delete[] MMpoints;
        delete[] rs;
        delete[] rrs;
        delete[] mmeets;
        }
    in.close();
    out.close();
```

6.4 本章小结

本章对基于几何代数的空间表达结构和运算进行分析，根据几何代数运算的特点，结合空间计算应用需求，构建了空间计算几何代数表达的结构优化策略与方法。首先，研究基于位运算的几何代数向量编码、基于预乘表的运算优化及多重向量的分片并行优化，设计了运行时代码动态绑定的算法效率优化与并行策略；其次，探讨了利用几何代数运算流程的独立性与统一性，建立了基于几何代数表达的空间计算模型配置与运行的粒度分割和流程分解，建立了常用几何代数算子的并行化计算结构，进而在此基础上，建立了基于几何代数的 GIS 并行计算算法的构造；再次，设计了面向并行优化的 GIS 算法模板，并引入脚本化的模板开发方法，利用几何代数层和平台层相结合的双层编译机制实现运行时代码的动态绑定；最后，设计了算法并行案例，对并行效果进行了验证。

第 7 章　基于几何代数的 GIS 计算引擎设计与实现

几何代数的多维统一性是建立在引入额外维度的基础上的，其计算的优化与并行化，也需要在任务层、算法层和算子层协同进行，不可避免地会增加开发的难度。本章利用几何代数算子进行多维统一的空间计算算子与算法库的构建，并对算法库中基本运算、算子、算法流程的运算效率加以优化，建立面向不同空间计算的几何代数计算模式与空间计算模板，形成灵活、统一的几何代数地理空间计算引擎，可有效提升基于几何代数 GIS 算法的开发效率。

7.1　基于几何代数 GIS 计算引擎设计

几何代数空间的可定义性使得可针对具体 GIS 应用设定特定的 GIS 计算空间。上述特征使得基于几何代数的 GIS 空间计算方法必然是一个灵活而又多样的 GIS 空间计算模式，为复杂的 GIS 空间分析提供了一套解决思路。基于此类考虑，本节构建可定制的 GIS 空间计算引擎，该引擎具有自适应性特征，可根据具体的应用需求加以改造。基于几何代数的 GIS 空间计算引擎的构建是基于 GIS 空间计算的基础，也是其实现形式。

7.1.1　GIS 计算引擎框架

从 GIS 空间问题求解的角度，基于几何代数空间的计算引擎主要实现 GIS 数据的嵌入表达、GIS 算法的几何代数改造及分析结果的投影与输出等功能。基于上述需求，分别设计 GIS 数据的嵌入模块、GIS 问题的求解模块和计算结果的投影模块，同时构建计算空间的构建模块，它是 GIS 空间表达与运算的基础。GIS 空间计算引擎框架如图 7.1 所示。

数据嵌入与数据投影模块主要实现 GIS 数据到几何代数空间的嵌入以及计算结果反向投影回 GIS 空间。它不仅解决对象几何与几何结构的嵌入，还需要考虑地理属性与语义关系的表达，为了构建统一的运算结构，还需要实现空间关系与空间约束的嵌入表达。上述结构的表达方法已在前述章节加以说明，下面将对其具体实现形式加以阐述。

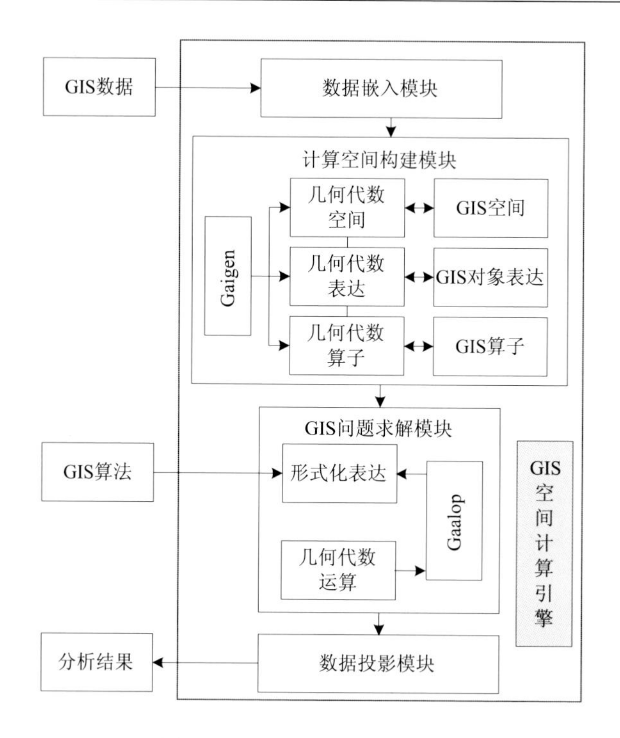

图 7.1　GIS 空间计算引擎框架

计算空间构建模块包含基于几何代数 GIS 空间的构建、GIS 对象的表达及 GIS 算子的设计三部分。它是数据嵌入的几何代数表现形式，也是后续 GIS 空间问题求解的基础，同时一个优良的几何代数空间的设定将极大地简化后续的空间计算算法，这也是几何代数方法区别于一般方法的最大特征。目前已有一系列较为成熟的几何代数计算库，包括 CLUCalc(Perwass，2006；Hildenbrand，2013a)、Gaigen(Dorst et al.，2007；Fontijne et al.，2001)、Gaalop(Hildenbrand，2013b)和 Gaalet(Seybold and Uwe，2010)等，但它们大多面向几何计算，缺少面向具体 GIS 数据的实现。Gaigen 是目前应用普遍的一个几何代数算法库，已发展到 2.5 版本，且其效率已经较同等级别的线性代数空间快(Fontijne，2010)。本计算引擎中计算空间构建模块则主要实现了基于 Gaigen 的计算空间同面向 GIS 空间计算的几何代数计算空间的映射问题。

GIS 问题的求解模块则是对 GIS 问题的几何代数形式化表达与求解过程的实现。几何代数形式化表达不是对现有算法的简单改造，它需要在对现有算法的充分解析的前提下提炼出相应的几何代数求解模式，并将其转换为几何代数表达。在模式提炼过程中需要充分考虑几何代数表达与运算的统一性。同时，考虑到几何代数的维度拓展特征，几何代数问题的求解要特别注意求解过程的优化，可利用 Gaalop 等几何代数表达式化简工具，对上述形式化表达加以优化，从而得出最高效的几何代数算法。

7.1.2　数据转换模块

数据转换模块包括两个部分，分别是数据嵌入模块和数据投影模块。数据嵌入模块如图 7.2 所示，首先参照 OGC 规范等多源 GIS 数据组织规范，对原始数据加以解析，分别得到其空间结构、关系约束与属性语义信息。参照本书构建的包含五大要素的空间数据统一表达，得到多要素融合表达的多重向量结构。数据投影方法如图 7.3 所示，该过程为图 7.2 的逆，其输入为多重向量形式表达的多源空间数据。依次通过多重向量表达式解析、要素分类适配等步骤后，得到空间数据的坐标、几何、拓扑、属性等基本要素，从而得到最终的多类型存储的空间数据。基于上述思路，构建数据转换工具(图 7.4)，包含了常用的 GIS 数据格式，并提供了对几何代数多维矢量、多维时空场、层次网络和张量数据等的支撑。

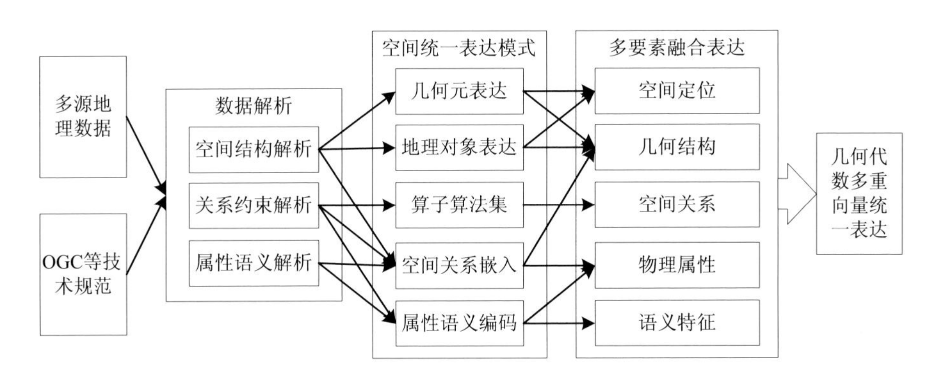

图 7.2　GIS 多源地理数据嵌入方法

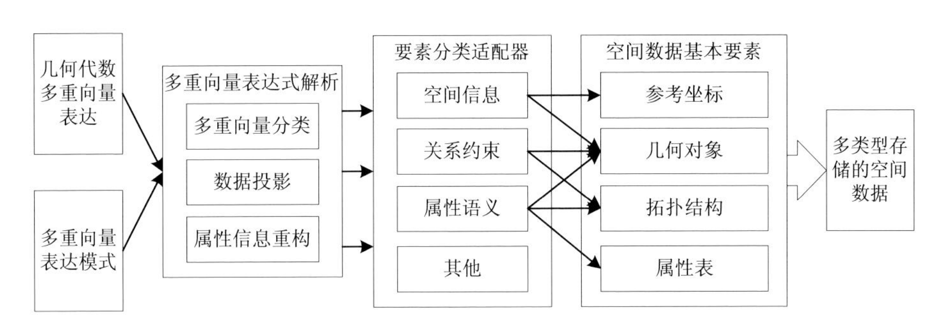

图 7.3　多重向量表达的 GIS 数据投影方法

图 7.4　数据格式转换模块

7.1.3　计算空间构建模块

Gaigen 是目前较为成熟的几何代数计算引擎库，它可以根据用户需求自动生成几何代数计算库函数。Gaigen 提供了几何代数基本空间及空间中算子的定义，但它仅限于几何运算，运算对象也仅为基本的 blade 和多重向量，需要对其加以拓展，以实现面向 GIS 空间计算的几何代数运算空间的构建。

1. 几何代数空间的拓展

在 GIS 空间分析中除了需要关注对象的几何特征，对于包含地理语义的属性特征、网络模型的连通性特征及场模型的结构分布特征也不应忽视，因而需要对几何代数空间加以拓展，实现对上述特征的表达。表 7.1 为各 GIS 空间的扩展方法。

(1) 属性空间的维度由属性个数确定，由于属性多具有较为明确的意义且类型多样，存在数值型(numeric)、字符型(text)、枚举型(enum)等不同的形式，其中数值型可直接嵌入表达，而字符型与枚举型为了满足计算的需要，需要将非数值型的属性转换成可计算的编码。从度量特征上看，不同属性维度正交，其内积结果为 0，属性维度自身的计算则需要分类型考虑，其中数值型属性由于可直接运算，其结果为 1，而字符型和枚举型由于其度量属性的不明确，求得结果为 0。

表 7.1 几何代数空间中 GIS 空间表达的扩展

GIS 空间	几何代数空间	基向量	metric
n 维几何空间	n 维欧氏空间	$e_1, e_2, \cdots, e_n$	$e_i^2 = 1, e_i \bullet e_j = 0$
	n+1 维齐次空间	$e_0, e_1, e_2, \cdots, e_n$	$e_i^2 = 1, e_i \bullet e_j = 0$
	n+2 维共形空间	$e_0, e_1, e_2, \cdots, e_n, e_\infty$	$e_0 \bullet e_0 = e_\infty \bullet e_\infty = 0, e_0 \bullet e_\infty = -1$
包含 n 个属性的属性空间	n 维属性空间	$e_{a1}, e_{a2}, \cdots, e_{an}$	$e_{ai} \bullet e_{aj} = 0,$ $\begin{cases} e_{ai}^2 = 1, & a_i\text{为数值型属性} \\ e_{ai}^2 = 0, & a_i\text{为字符型属性} \\ e_{ai}^2 = 0, & a_i\text{为枚举型属性} \end{cases}$
包含 n 个节点的网络空间	n 维网络空间	$e_{v1}, e_{v2}, \cdots, e_{vn}$	$\begin{cases} e_{vi} \wedge e_{vj} = e_{vivj}, & v_i\text{与}v_j\text{连通} \\ e_{vi} \wedge e_{vj} = 0, & v_i\text{与}v_j\text{不连通} \end{cases}$
n 维场空间	n 维张量空间	$e_1 + e_2 + \cdots + e_n$	$A \otimes B = [a_i b_1 e_{i1}, a_i b_2 e_{i2}, \cdots, a_i b_j e_{ij}]$

(2) 网络空间的维度由网络的节点决定，由于网络数据更侧重于拓扑结构的表达，其度量特征也表现为对网络节点连通性的嵌入表达，这里为了区分一般的度量特征，采用外积进行网络连通运算。

(3) 场空间的维度由场中质点所处的向量维度决定，场空间是一个多层嵌入空间，它包含场本身的维度和场中每个质点的维度，因此场空间通常表达为几何代数空间中的张量模型。场中每个质点所处空间的度量与其等维度的欧氏空间的度量相一致，但为了实现场能量和结构的计算，本书引入了张量积运算。

2. GIS 运算对象的拓展

在几何代数空间中所有基本对象的表达都可统一为 blade，复杂对象也可通过多重向量统一组织，因而只需要定义 blade 和多重向量对象即可满足基本运算的需要。但考虑到几何代数空间往往需要对维度进行拓展，从而导致了额外的存储开销，用于表达三维欧氏空间的共形几何代数空间 $\mathbb{C}^3$ 中的多重向量总共由 32 个基向量组成，因而在实际操作中，需要对多重向量的类型加以限制，从而简化运算过程。

据 2.1 节几何代数特征子空间的定义可知，不同类型的几何对象可理解为其在特定子空间的投影。通过此投影，对几何代数计算中不重要的维度加以约简，进而达到简化计算的目的。同时考虑到 GIS 对象的边界结构的明确性，还需要定义含边界的几何对象的层次表达，从而构建出面向 GIS 空间计算的对象几何代数表达体系，如表 7.2 所示。多维几何对象的表达中，A 表示点，P 和 L 分别表示平面和直线，T 表示三角形。网络表达由权重和路径两部分组成，当 grade 为 1

时表示节点，grade 为 2 时表示网络边，grade 大于 2 时表示路径。场空间中的向量则通过向量在各子空间中投影的和表达。

表 7.2　几何代数空间中 GIS 对象的表达扩展

GIS 对象	几何代数空间	表达式
线段	n+2 维共形空间	$A_1 \wedge A_2$
射线	n+2 维共形空间	$A + \boldsymbol{v}$
三角形	n+2 维共形空间	$P + L_1 + L_2 + L_3$
四面体	n+2 维共形空间	$S + T_1 + T_2 + T_3$
网络节点	n 维网络空间	$w_{v_i} e_{v_i}$, w为网络权重
网络边	n 维网络空间	$w_{v_i v_j} e_{v_i v_j}$, w为网络权重
含 m 个节点的路径	n 维网络空间	$w_{v_{x1} v_{x2} \cdots v_{xi}} e_{v_{x1} v_{x2} \cdots v_{xi}}$, w为网络权重
场向量	n 维张量空间	$a_1 e_1 + a_2 e_2 + \cdots + a_n e_n$

3. GIS 运算算子的拓展

几何代数基本算子为多维对象的统一运算提供基础，其特征内蕴的性质也为包含多信息要素的对象空间关系分析与求解提供了基础。但其多数都是面向理想的无边界对象，对含有边界的具体地理对象的处理能力不足。一方面设计面向含边界对象的特定算子，另一方面要充分考虑到对原有算子的运用。基于 3.3 节提出的 GIS 空间计算的几何代数方法，提出面向 GIS 空间计算的几何代数算子，主要包含的复合算子如表 7.3 所示。

表 7.3　几何代数空间中 GIS 空间计算算子扩展

算子	几何代数空间	表达式
距离计算	$n+2$ 维共形空间	$\text{dist}(A_1, A_2) = \sqrt{-2A_1 \bullet A_2}$
面积计算	$n+2$ 维共形空间	$S(u, v) = \lVert u \wedge v \rVert$
体积计算	$n+2$ 维共形空间	$S(u, v, t) = \lVert u \wedge v \wedge t \rVert$
共面判断	$n+2$ 维共形空间	$O_{A-B} = (\text{proj}(A, B) == A)$
点与三角形关系	$n+2$ 维共形空间	$O_{pt-tri} = (\text{sign}(B_1) \geqslant 0 \,\&\&$ $\text{sign}(B_2) \geqslant 0 \,\&\&$ $\text{sign}(B_3) \geqslant 0)$

续表

算子	几何代数空间	表达式
点与四面体关系	$n+2$ 维共形空间	$O_{pt-tet}=(\text{sign}(B_1)\geqslant 0\,\&\&\,\text{sign}(B_2)\geqslant 0\,\&\&\,\text{sign}(B_3)\geqslant 0\,\&\&\,\text{sign}(B_4)\geqslant 0)$
网络延拓算子	n 维网络空间	$w_{v_i}e_{v_i}$，w为网络权重
场梯度算子	n 维张量空间	$\text{grad}(a)=\nabla a\lim\limits_{\varepsilon\to 0}\dfrac{f(x+\varepsilon a)-f(x)}{\varepsilon}$

7.2　基本数据结构设计

7.2.1　计算空间类设计与继承关系

计算空间类设计 UML(unified modeling language)图如图 7.5 所示，首先设计几何代数空间基类库 GA，基类库中的基本元素为 blade，并对其内积、外积、几

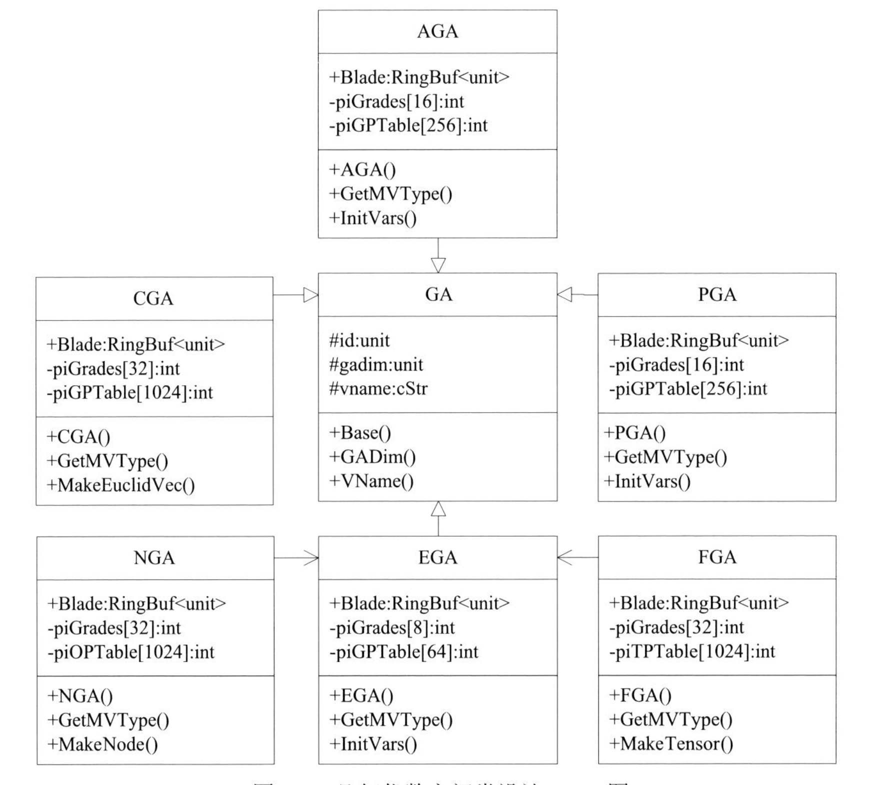

图 7.5　几何代数空间类设计 UML 图

何积等基本运算加以实现，进而在其基础上派生出各特征运算空间，其中 EGA（欧氏空间）、PGA（奇次空间）、和 CGA（共形空间）的构建较简单，仅需要在基类的基础上定义各自的度量结构及运算算子即可。属性空间（AGA）需要重新设计内、外积运算过程中基向量系数的运算方式，而网络（NGA）和场空间（FGA）由于运算差别太大，需要覆盖基类中的部分函数，以实现其特定运算。

7.2.2　运算接口设计

上述计算空间类是 GIS 空间计算得以顺利进行的前提条件。通过特定运算空间的定义实现 GIS 数据在几何代数空间和地理空间中的相互转换，实现多维统一运算，该过程在统一的数据流框架下有序进行，数据流框架定义的前提是数据运算接口的有效设计。构建的基于几何代数的 GIS 空间运算接口类结构如图 7.6 所示，首先给出 GIS 数据在地理空间和几何代数空间的表达形式，分别为 CDataObject 和 CMultiV，二者通过接口 CSpaceEmbed（空间嵌入）和 CSpaceProj（空间投影）进行转化。同时，在几何代数空间中定义有基本的多重向量运算结构 CMvBaseCalc 和算子结构 CMvOperator，在 GIS 空间中定义有数据对象的可视化类 CObjVisualization 与交互类 CObjInteraction。上述各类之间相互关联，共同构成 GIS 空间求解的数据流。

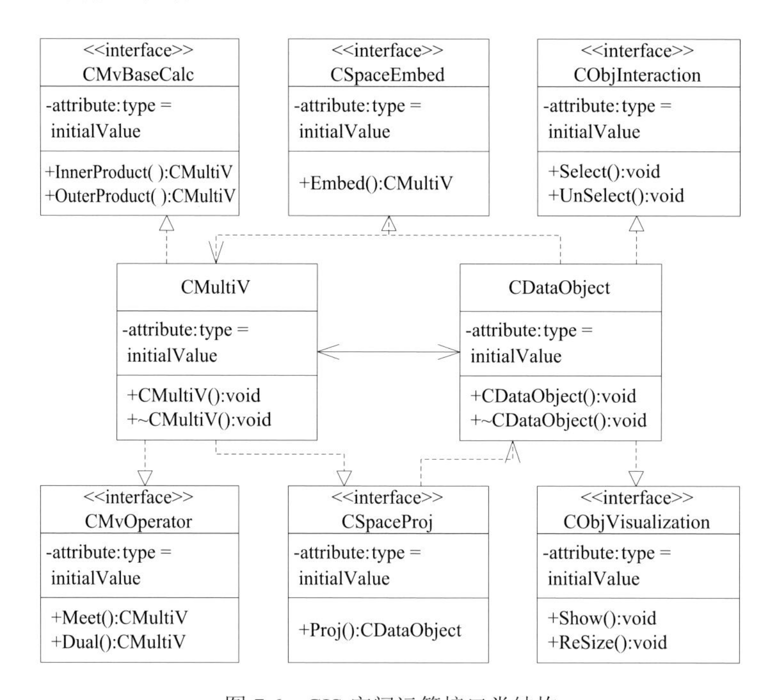

图 7.6　GIS 空间运算接口类结构

7.2.3 空间数据类结构设计

7.2.2 节提出了 GIS 空间计算过程中数据运算与数据流结构的运算接口，通过将 CDataObject 类中存储的地理数据嵌入到 CMultiV 结构中进行运算，最后再投影回地理空间，得到 CDataObject 存储的结果数据。上述过程反映了利用几何代数进行地理空间计算的基本模式，即基于 CDataObject 的存储结构与基于 CMultiV 运算结构的统一，这也进一步体现了几何代数运算的统一性。为了进一步明晰数据的存储结构与流结构，本节对 GIS 空间的存储结构和运算结构进一步展开论述。

空间数据类结构设计如图 7.7 所示。几何代数通过空间构造类 GABasic 实现多元地理信息的统一表达，根据不同表达模式的地理信息结构特征，分别构建 GAGeo 类、GATensor 类和 GAOrthList 类用于表达地理信息中的几何结构、场结构和网络结构(由于 GIS 空间中网络多为稀疏网络，这里采用十字链表方式存储)。与之相对的 CDataObject 也被分别派生为 MultiDimField、MultiDimVector 和 NetworkData 结构，派生结构的设计既保持了各结构的特殊性，也保证了其具有通用的接口，以利于数据的统一管理与分析。

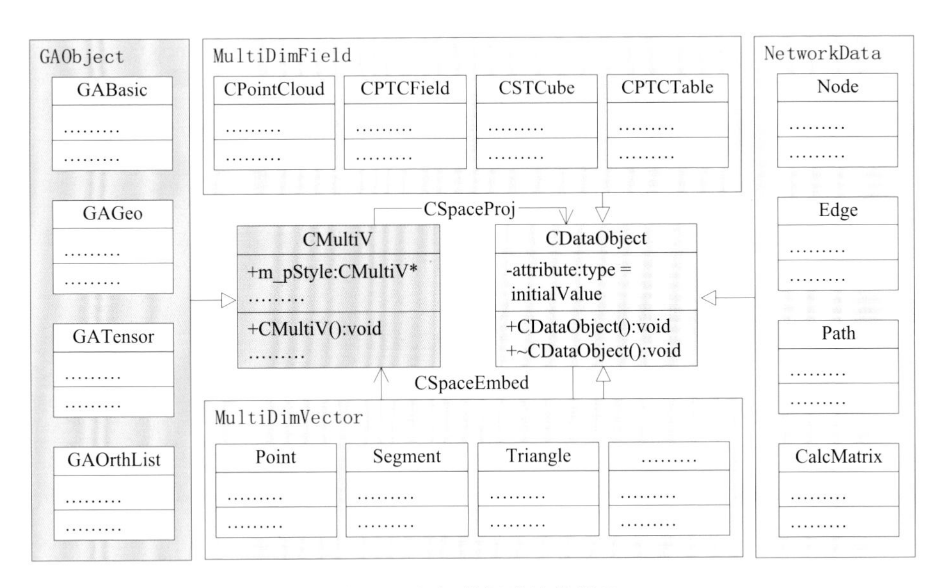

图 7.7 空间数据类结构设计

7.3　计算引擎实现

7.3.1　计算引擎层次架构与实现流程

根据前述 GIS 问题的几何代数求解模式，计算引擎可通过如下 3 个层次实现（图 7.8），分别为空间构建层、算子生成层和算法构建层。

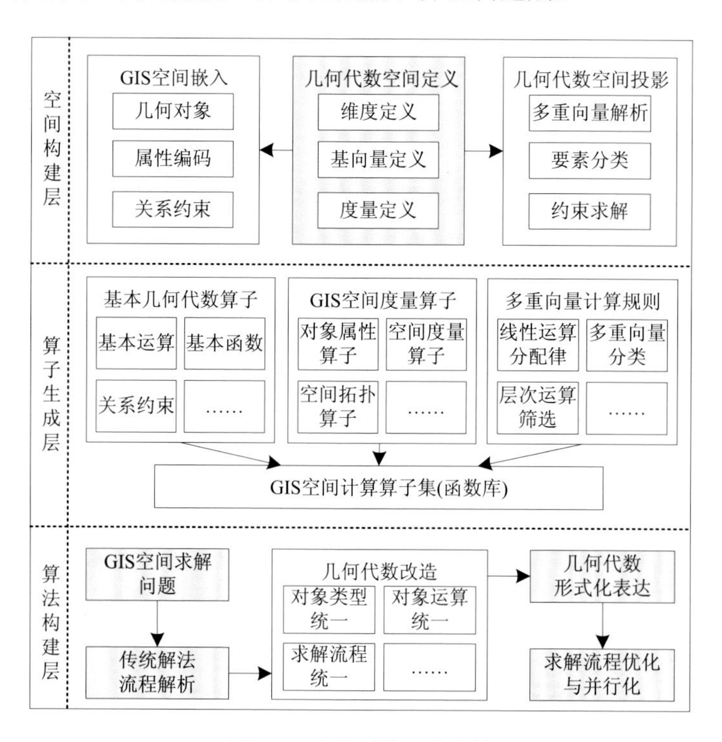

图 7.8　计算引擎层次结构

(1) 空间构建层，该层对应着计算引擎框架中的数据转换模块，主要包括几何代数空间定义、GIS 空间嵌入和几何代数空间投影三个步骤。其中，GIS 空间嵌入及几何代数空间投影可用到数据转换模块中所定义的数据嵌入与投影规则加以实现。几何代数空间的定义则成为该层的核心和关键步骤，不同的空间定义不仅影响具体的空间嵌入和投影方法，也会影响后续算子库的构建，并最终制约着空间计算算法的实现效率。

(2) 算子生成层，该层主要利用几何代数空间中基本的算子、算法，结合 GIS 空间运算算法，构建复合的 GIS 空间计算算子，并利用多重向量的计算规则将其向多重向量扩展，实现 GIS 空间计算算子集的构建，在程序实现层面则是几何代数函数库的构建。

(3) 算法构建层，该层也可称为应用层，它需要针对不同的 GIS 空间计算问题，结合传统的求解方案，通过几何代数空间的构建，实现空间计算问题的形式化表达及并行化求解。该层可理解为系统实现层面上的应用功能实现。

几何代数是通过将低维数据嵌入到高维数据从而获得更高自由度的对象表达、运动表达与算子求解。但随着空间维度的增加，在空间计算中所要处理的 blade 项就越多，算法复杂度就越大，因而需要选取恰当的空间维度。同时，考虑到不同的几何代数模型的度量特征不一样，其所能构建的算子也不尽相同，在几何代数空间的构建过程中要根据具体的分析需求定义不同的几何代数空间模型。空间模型固定后，算子生成层中所需要的空间中基本的几何代数算子也就确定了。算法构建层中一方面需要在对 GIS 空间求解问题充分理解的前提下分析该问题的传统解法，另一方面还需要利用几何代数的统一表达与运算，写出上述问题的几何代数表达，对算法流程加以化简，最后求得运算结果。

据上述分析，可将计算引擎的实现分为如下几个步骤：

(1) 设定空间维度与基向量，定义基向量间的度量矩阵；

(2) 根据给定分析数据的组织方式，结合数据转换模块，构建欧氏空间向几何代数空间的嵌入方法和几何代数空间对象向欧氏空间的投影方法；

(3) 选取所要使用的几何代数算子与算法，结合 GIS 空间基本对象的空间度量与求解方法，设计 GIS 空间计算复合算子，并将其向多重向量拓展；

(4) 分析需要求解的空间计算问题，对其传统求解方法加以解析，并对其进行几何代数构造，得到空间问题求解的几何代数形式化表达；

(5) 优化算法流程，算法并行化及最终算法实现。

7.3.2 计算空间构建

为了保证空间几何代数空间的可定义性，此处计算空间的构建通过配置文件实现。首先设计几何代数空间构建所需要的空间基本信息、空间基向量设置以及空间度量设置，进而列出在算法中将会运用到的所有算子，如图 7.9 和图 7.10 所示。利用上述配置文件结合 Gaigen 可生成可执行的 C++代码。

而后需要将几何代数空间中由特征子空间所表达的基础对象扩展为可用于 GIS 空间运算的几何对象。由于 GIS 对象多包含边界、纹理等语义信息，该过程即是对几何代数基本对象的组合。例如，在 GIS 空间中点对象除了包含点的位置信息，还要给出其切平面(用于计算法向量)和纹理坐标(后续纹理渲染与可视化需要)，射线对象和三角形对象即是在原有 freeVector 对象和 plane 对象的基础上分别添加了端点约束和边界约束(图 7.11)。

```
<!-- 空间维度与基本编译选项 -->
<g25spec
    license="gpl"
    language="cpp"
    namespace="c2ga"
    coordStorage="array"
    defaultOperatorBindings="true"
    dimension="4"
    gmvCode="expand"
    parser="antlr"
>

<floatType type="double"/>

<!-- 基向量设置 -->
<basisVectorNames
        name1="no"
        name2="e1"
        name3="e2"
        name4="ni"
        />

<!-- 度量空间设置 -->
<metric name="default" round="true">no.ni=-1</metric>
<metric name="default">e1.e1=e2.e2=1</metric>
<metric name="euclidean" round="false">no.no=e1.e1=e2.e2=ni.ni=1</metric>
```

图 7.9　几何代数空间构建

```
<function name="cgaPointDistance" arg1="normalizedPoint" arg2="normalizedPoint" floatType="float"/>
<function name="cgaPointDistance" arg1="dualSphere" arg2="dualSphere" floatType="float"/>

<function name="add" arg1="multivector" arg2="multivector" />
<function name="add" arg1="vectorC3GA" arg2="vectorE3GA" />
<function name="add" arg1="vectorC3GA" arg2="normalizedPoint" />
<function name="add" arg1="vectorC3GA" arg2="dualSphere" />
<function name="add" arg1="bivectorC3GA" arg2="bivectorC3GA" />
<function name="add" arg1="plane" arg2="plane" />
<function name="add" arg1="line" arg2="circle" />
<function name="add" arg1="circle" arg2="vectorC3GA" />
<function name="add" arg1="e1" arg2="e2" />
<function name="add" arg1="I5" arg2="circle" />

<function name="subtract" arg1="multivector" arg2="multivector" />
<function name="subtract" arg1="vectorC3GA" arg2="vectorC3GA" />
<function name="subtract" arg1="bivectorC3GA" arg2="bivectorC3GA" />
<function name="subtract" arg1="oddVersor" arg2="oddVersor" />
<function name="subtract" arg1="line" arg2="vectorC3GA" />
<function name="subtract" arg1="rotorC3GA" arg2="rotorC3GA" />
<function name="subtract" arg1="rotorC3GA" arg2="noni" />
<function name="subtract" arg1="I5" arg2="circle" />

<function name="applyOM" arg1="om" arg2="multivector"/>
<function name="applyOM" arg1="om" arg2="normalizedPoint"/>
<function name="applyOM" arg1="om" arg2="circle"/>
```

图 7.10　几何代数基本运算

```
//点对象
class point {
  normalizedPoint pt;             // 点位置
  freeBivector att;               // 切平面
  normalizedFlatPoint2d texPt;    // 纹理坐标
}

//射线对象
class ray {
          public:
                    flatPoint pos;         // 端点位置
                    freeVector direction; // 射线方向
}

//三角形对象
class trag {
          int vtxIdx[3];          // 顶点编号
          line edgeLine[3];       // 三角形边
          plane pl;               // 三角形所在平面
}
```

图 7.11 面向 GIS 运算的对象扩展

结合上述 GIS 对象的扩展表达，需要对几何代数基本算子加以扩展，使之可用于 GIS 对象的计算(图 7.12)。例如，对于射线基于点的反射算子，经分析可知，该过程即为保留原始射线端点，对其方向应用几何代数反射算子。同理，可推导出三角形 rotor 变换的扩展方法。

```
ray reflect(const ray &R, const point &spt) const{
/*
计算射线相对于点spt的反射
*/

          ray reflectedRay;
          reflectedRay.pos = spt.getPt() // 新生成射线的端点
          reflectedRay.direction =              // 新生成射线的方向
               - ((spt.getAtt() ^ no) *
                    R.get_direction() *
                    reverse(spt.getAtt() ^ no))
          );
          return reflectedRay;
}


trag reflect(const trag &T, const rotor &R) const{
/*
计算三角形经旋转算子R后的结果
*/

          trag rotoredTrag;
          rotoredTrag.vtxIdx = T.getVtxIds();           // 顶点ID不变
          rotoredTrag.edgeLine = T.getEdgeIds();        // 边ID不变
          rotoredTrag.pl =                              // 新生成平面
                 (R) * R.get_Plane() * reverse(R)
          );
          return rotoredTrag;
}
```

图 7.12 面向 GIS 运算的算子扩展

7.3.3　计算模板与插件式嵌入

利用上述 GIS 对象表达及 GIS 空间运算算子，即可写出给定空间计算问题的形式化表达；将该形式化表达转换为算子函数结构，即可得到其 C++实现。但为了让其成为可执行的代码还需要进一步加以处理，此处应用了插件形式的算法嵌入方式，首先设计算法模板，如图 7.13 所示。

```
/* template.h */
class template {
    public:
        /* 参数绑定 */
        int nParaIn;      //输入参数个数
        int nParaOut;     //输出参数个数

        /* 空间转换 */
        Space_Transf(void);

        /* 算法实现 */
        model_run(void);

        /* 空间投影 */
        Space_Proj(void);
}
```

```
/* template.cpp */
//参数设置与绑定
nParaIn = 1;
nParaOut = 1;
BEGIN_PARA_BIND(“IN”, 1)
        CSG_CaVector*        pTINData
END_PARA_BIND()
BEGIN_PARA_BIND(“OUT”, 1)
        CSG_Table*           pOutput
END_PARA_BIND()

//空间转换
void Space_Transf(void){

}

//算法实现
void model_run(void){

}

//空间投影
void Space_Proj(void){

}
```

图 7.13　计算模板设计

基于上述模板，在系统中设置相应的插件接口类，实现对所绑定模板参数的输入、输出，同时设计对模板空间转换函数及算法实现函数的事件调用，即可实现空间计算算法的插件式嵌入。

7.4　原型系统构建

基于几何代数的 GIS 空间计算引擎的设计，使得 GIS 空间计算的流程与步骤相对统一，可构建统一的空间计算模板。利用上述特性，设计了基于插件的 GIS 空间计算系统——“基于几何代数的多维空间计算系统”。该系统实现了基本 GIS 空间数据的管理，利用几何代数计算引擎对 GIS 空间计算提供算子与算法支撑，并通过插件的思路构建特定的 GIS 分析功能。为验证基于几何代数 GIS 空间计算的可行性与准确性，设计了面向多维融合的地理场景建模实例和场景动态分析实例，对基于几何代数的 GIS 空间的表达、运算与分析功能加以验证。

7.4.1　整体架构

系统主要包含如下几个模块(图 7.14)：系统界面模块也被称为 GUI，主要提供系统框架的设计、GIS 空间数据的可视化及用户交互功能等。系统窗体与控件利用 wxWidget 库实现，它是一个跨平台的窗体库，利用 OpenGL 和 VTK 分别实现多维矢量数据渲染及多维时空场数据的可视化。在应用程序接口模块中主要实现了三种基本数据的管理与运算，并提供了 GIS 空间求解模型接口，以实现插件形式的 GIS 空间计算模块的集成。几何代数计算引擎模块则主要实现了基于几何代数的空间数据转换、计算算子集及求解流程设计等。最后，利用几何代数计算特色，在对传统空间计算流程分析的基础上，设计了统一的插件构建模块，从而实现可拓展的 GIS 空间计算模板库的构建。

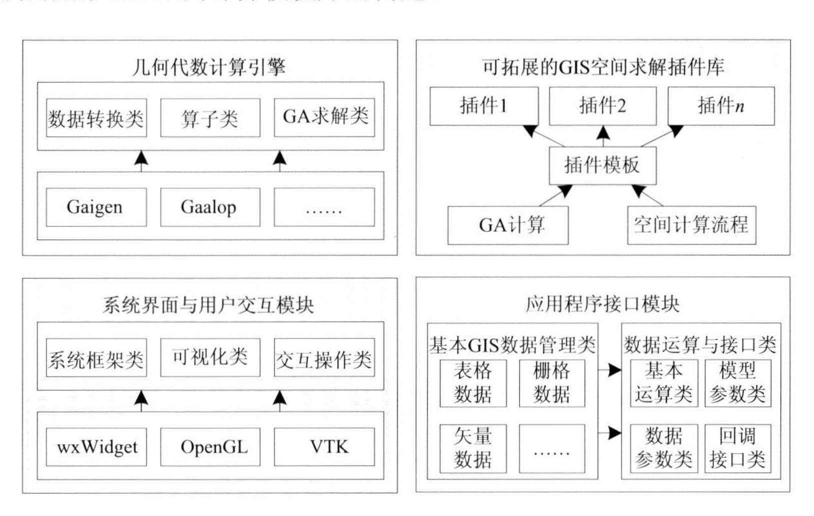

图 7.14　原型系统整体架构

7.4.2　数据输入/输出接口

为了实现基于几何代数空间计算算法与传统 GIS 的无缝集成，系统还提供了对传统 GIS 空间数据的支持(表 7.4)。使用系统中设计的数据导入功能可将该类数据导入内存，再利用计算引擎中的数据转换模块将其转换至几何代数空间求解，计算完成后再投影回传统的 GIS 空间进行输出。为了实现对多源 GIS 数据的管理，设计系统数据管理模块如图 7.15 所示。对于常规数据，参照开放数据标准设计读写接口，对非结构数据采用非关系数据库存储，同时基于多硬盘和 STXXL 库实现海量数据的读取。

表 7.4　主要数据格式列表

类型	数据	扩展名
多维矢量数据	Shapefile 数据	.shp
	CAD 数据	.dxf
	3D Max 数据	.3ds
	GML/CityGML 数据	.gml
场数据	ASCII Grid 数据	.asc,.txt
	点云数据	.ptc
	时空场数据	.stg
网络数据	节点数据	.shp
	邻接表数据	.txt
	邻接矩阵数据	.txt,.tb,.csv

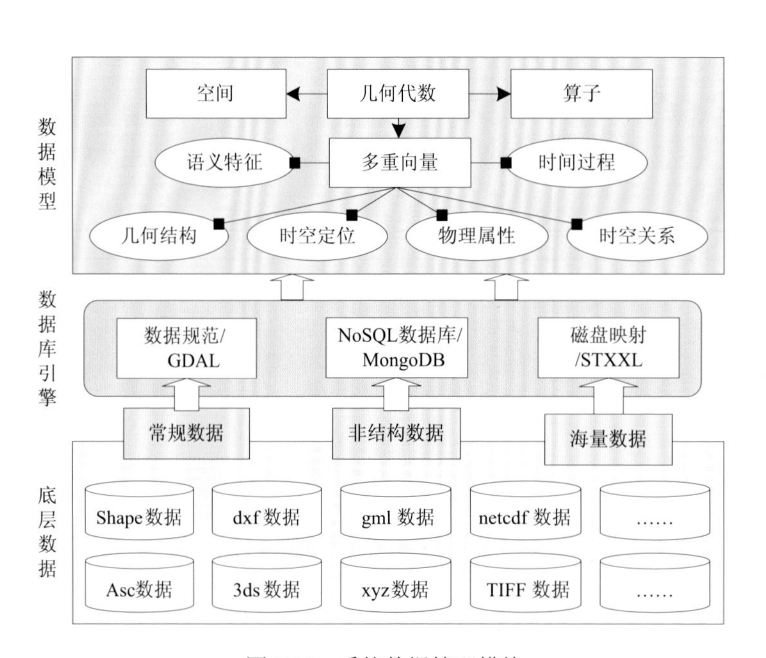

图 7.15　系统数据管理模块

7.4.3 可视化及用户交互模块

本系统基于 wxWidgets(版本 2.9.3)多窗口架构，利用 Visualization Toolkit(版本 5.2.0)可视化库实现地学实体及场对象的可视化，并采用了 OpenGL(版本 5.03)的三维渲染方案。系统交互与控制模块设计如图 7.16 所示。设计辅助支持类并将其与 Command IDs 和 Data 类相关联，实现消息管理与响应、地图显示与更新及插件控制与运行等，以支撑上层用户交互类和可视化类的正常运转，并最终通过页面布局类表现出来。设计原型系统功能架构如图 7.17 所示，包括 GIS 数据管

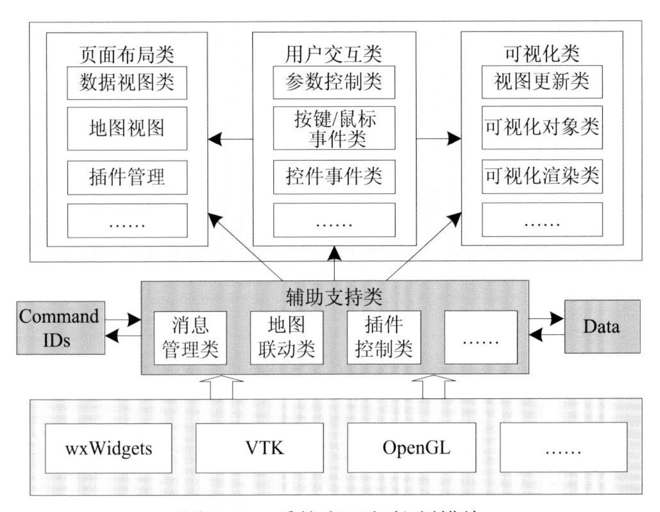

图 7.16 系统交互与控制模块

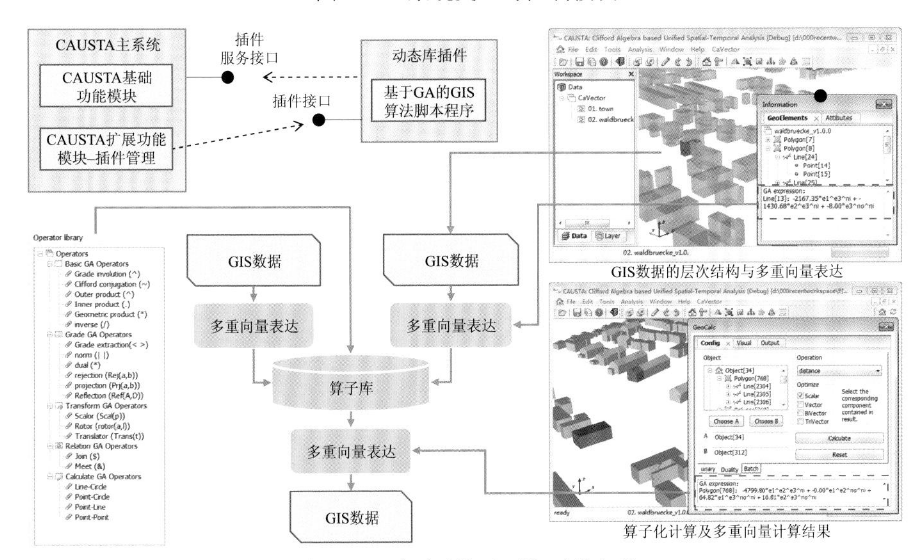

图 7.17 原型系统界面与功能架构

理模块、算子库管理模块、多重向量查询与展示模块、三维视图模块等。图 7.18 为基于上述交互模块设计方案的三维场景可视化结果，并集成了多维矢量、时空场及网络分析等基本功能。

图 7.18　三维场景可视化结果

7.5　本 章 小 结

本章主要内容是对基于几何代数的 GIS 空间计算引擎框架的介绍，并对其进行了程序实现。首先，从数据转换、计算空间构建、空间计算问题的形式化表达与求解三个主要模块出发构建 GIS 空间计算引擎；其次，给出了几何代数空间和 GIS 空间中数据的存储类，并详细论述了运算接口的设计及数据流结构的构建；最后，提出了基于计算空间、算子库和算法求解三层架构的计算引擎实现方法，在传统几何代数空间和算子的基础上扩展出面向 GIS 空间计算的计算空间和算子库，给出空间计算算法的模板，并设计了插件嵌入的算法集成机制，利用配置文件可定义出合适的几何代数空间，GIS 空间计算算法可通过插件的形式嵌入与扩展，本书构建的计算引擎具有较好的可配置性和可扩展性。

第8章　面向多元数据场景的GIS动态多约束分析实例

GIS应用的扩展使得GIS分析将会面临越来越多的多元数据，且空间分析方法也需要应对更多的动态多约束问题。在多元场景的动态多约束分析中，需要更加注重场景中对象关系的表达，以及场景状态和事件的表达，并且场景状态的变化需要反映到所有场景对象中去，同时也要保证各对象之间的约束关系的稳定性。本章以三维数字城市应用为例，构建了污染物扩散场景下的动态约束场景表达模型，并设计了在特定运动轨迹中污染物累积模拟和应急疏散路径规划案例，对所构模型的有效性加以验证。

8.1　数据与分析流程

8.1.1　数字城市场景与动态约束数据

数字城市场景是典型的多元多约束场景，场景中的各要素间都紧密相连，在空间、语义上都需要满足特定的一致性约束，而场景中地理现象的模拟，又使得数字城市场景需要进一步满足动态性的特征。在数字城市场景构建的过程中，为了模拟和分析的需求，需要将不同类型的地理空间数据如矢量数据、栅格/时空场数据和网络数据整合到一个统一的疏散场景中。在案例中也引入了有毒气体扩散事件，需要模拟有毒气体扩散过程中污染物浓度时空场的变化，并分析污染物浓度变化对场景的影响，例如动态场景下人、车等对象的逃生路径的设计。

本章设计了一个模拟有毒气体扩散的案例来说明整个场景的构建过程，并以场景中运动对象污染物累积模拟和场景中对象的逃生路径的规划为例，对场景分析功能加以验证。因而场景模型除了需要融合不同类型的数据，还要实现状态的动态更新。例如，当车辆驶过处于扩散中的有毒气体的过程中，既要实现对象运动的表达，也要通过数据间的动态交互式更新，实现运动车辆的有毒气体累积量计算。表8.1列举了用于场景中基本元素的几何代数表达。

表8.1　场景数据的几何代数表达

数据	几何代数表达	几何代数表达
三维建筑	$\mathrm{mv} = \mathrm{mv}_1 \oplus \mathrm{mv}_2 \oplus \cdots \oplus \mathrm{mv}_s$	mv_i 表示建筑
汽车	$\mathrm{mv} = \mathrm{Pg}_1 \oplus \mathrm{Pg}_2 \oplus \cdots \oplus \mathrm{Pg}_m$	Pg_i 表示构成汽车的多边形

续表

数据	几何代数表达	几何代数表达
轨迹	$\mathrm{mv} = P_1 \oplus P_2 \oplus \cdots \oplus P_n$	P_i 表示轨迹上的状态点，其中 i 表示对应的时间戳
道路	$\mathrm{mv} = \mathrm{Sg}_1 \oplus \mathrm{Sg}_2 \oplus \cdots \oplus \mathrm{Sg}_t$	Sg_i 表示第 i 个道路段
状态向量	$\mathrm{mv} = p \oplus v$	p ，v 是位置和方向

如表 8.1 所示，每一个建筑都被表达成一个多重向量，小轿车为多面体，可以通过基于几何代数表达的多重向量结构构建。汽车的状态被表示成切向量，每一个切向量有一个固定的位置点和方向。道路和轨迹虽然都表现为线要素，但道路数据被抽象成线段序列，在后续表达中需要将其转换成网络节点和邻接矩阵结构；轨迹由于需要确定汽车的状态位置，所以被抽象表达为点序列，二者均被表达为多重向量的形式。

8.1.2　污染物扩散模型

动态气体扩散可以用高斯烟羽模型来模拟(Jian and Fan，2014)。在这个模型中模拟有害物质的时空演化可以表示如下：

$$C(x,y,z,H) = \frac{Q}{2\pi\mu\sigma_y\sigma_z}\exp\left(-\frac{y^2}{2\sigma_y^2}\right)\left[\exp\left(-\frac{(z-H)^2}{2\sigma_z^2}\right) + \exp\left(-\frac{(z+H)^2}{2\sigma_z^2}\right)\right] \tag{8.1}$$

式中，C 是在给定位置 (x,y,z) 经风速影响后的有毒物质浓度；Q 为污染源排放速度；μ 是羽流中心线的水平风速；H 是羽流中心线的高度；σ_y 和 σ_z 分别是有毒气体排放分布的水平和垂直方向的标准差。

通过式(8.1)的模拟输出，污染物浓度场可以用多重向量场直接表示。为了减少疏散的复杂度，只选择地表的浓度场数据用来计算有毒气体的危险等级。在有毒气体扩散条件下的疏散模拟中，危险程度受毒气负载和人为作用的影响。毒气负载对人体的影响可以通过调节 Haber 指数(Miller et al., 2000)来计算：

$$L = C^m t^n \tag{8.2}$$

式中，L 是有毒气体的负载，可用来评估对人体的伤害；C 和 t 是暴露浓度和时间；m 和 n 是调节系数，分别用来反映毒气负载情况下暴露浓度和时间的影响。不同的有毒物质有不同的毒气负载，m 和 n 一般取其经验值(Miller et al., 2000)。据式(8.2)可知，毒气负载 L 和有毒物质浓度 C 可表达为具有相同分辨率的时空场。因此，数据计算和更新均可在同一个时空场模型中展开。

随着污染物的扩散，危险区域一直处于动态变化中，包括其形状、边界和危险等级分区等。本例中，危险等级及分区通过毒气负载和急性暴露等级指南确定(AEGLs，Krewski et al.，2004)。因为危险会随暴露时间增加而增高，可通过公式$t = G / Q$先求解出暴露时间，其中G是有毒气体暴露的总量，Q是污染源排放速度。AEGLs(L_{AEGL-i})的毒气负载边界以及影响区域任意点的毒气负载可以通过式(8.2)计算。

通过比较$L_{(x,y,z)}$与L_{AEGL-i}和最大许可浓度(MAC)，场景空间中的每个位置均可被分类到一个确定的危险等级上。表 8.2 列出了 5 个危险区域和它们的情况。通过上面的计算，有毒气体时空扩散的动态模拟可以决定每个位置在任何时间下的危险分布。

表 8.2 危险区域分类

危险区类型	危险情况
未受影响区域	$L_{(x,y,z)} \leqslant MAC$
轻度反应区	$MAC < L_{(x,y,z)} \leqslant L_{AEGL-1}$
中度反应区	$L_{AEGL-1} < L_{(x,y,z)} \leqslant L_{AEGL-2}$
禁止区	$L_{AEGL-2} < L_{(x,y,z)} \leqslant L_{AEGL-3}$
致死区	$L_{(x,y,z)} > L_{AEGL-3}$

8.1.3 基于模板的轨迹污染物浓度模拟

有毒气体扩散可通过构建数学模型来模拟，但是车辆运动及三维城市场景则太过复杂，以至于很难通过数据模型直接处理空间数据。利用预记录的 GPS 数据，通过构建形状匹配算法来实现追踪模拟(Taylor et al.，2006)。传统方法的分析流程如图 8.1(a)所示，该方法存在以下问题：①难以实现模型的联合与整合，如难以将疏散模型参数T引入 GIS 模型中；②对两种模型结果来说，很难在一个组合方程中进行计算，扩散模型结果可以离散到三维格网，但是空间粒度(格网大小)和时间粒度(时间间隔)很难保持一致。利用基于模板的方法[图 8.1(b)]，数据可以用一个统一的参数框架来表达和分析，实现信息融合计算。

8.1.4 逃生路径规划

逃生路径问题被定义为：选择场景中任意的一点，为其规划一条从最近的一个安全路口逃生的路径。这里安全路口是指到达安全污染物浓度区域的最近路口，可以通过污染物界线与道路网的求交运算求得所有预选逃生点，再求得所有逃生节点中的最优路径。在逃生节点确定和更新后，就可以得到最优疏散路径。但在

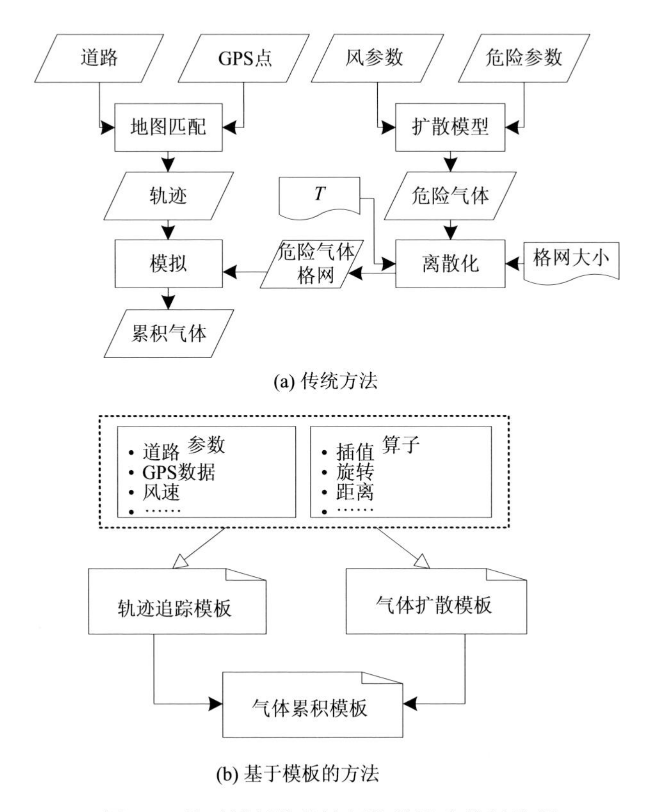

图 8.1　基于模板的轨迹污染物浓度模拟流程

一个疏散场景中，由于污染物浓度的动态性，网络和拓扑都会动态地改变，因此需要施加一些约束来约束最优路径的解。疏散路径问题实际上是一个动态的多约束问题(Brachman and Dragicevic，2014；Shekhar et al.，2012；Xie et al.，2010)。

由于网络是动态变化的，在有毒气体扩散条件下的疏散模拟中对最优路径的直接搜寻具有很高的计算代价。在几何代数中，基向量用于网络节点编码并且以网络拓扑为基础进行运算规则构建，可利用有向 join 积实现路径的延拓。因此，在几何代数中路径扩展是动态的(Yuan et al.，2014)，路径由网络拓扑决定，且权重可独立、动态更新。构建最优疏散路径求解算法，其流程为：首先根据权重和约束的变化，在模拟期间找到所有的可行路径，然后利用约束过滤和优化网络搜寻的方式来确定最优路径。对于一个有着 n 个节点的网络 G，所有的 k-blade 可以经过最多 $n^2 \log_2(k-1)$ 次有向 join 积生成，网络中所有可能路径的遍历不大于 n^3 (Yuan et al.，2014)。由于可行路径仅需要求得源节点到终点节点的路径，因此计算复杂度可进一步减少。

根据网络结构的多重向量表达和权重与拓扑的分离特性，首先利用网络的连通性得到可行路径集；然后对权重和拓扑进行更新操作，通过将有向 join 积应用到节点和路径中，实现所有连接到特定节点的可行路径的求解，并可以利用基于结果 blade 维度的直接线性查询来提取最优路径。因为路径的连通性依赖于网络节点编码和拓扑，所有从源点到终点的可行路径都可在预疏散阶段生成。设计用于路径搜索的贪心算法，在几何代数框架下路径搜索可以与网络拓扑相同步，在路径延拓过程中，可以以算子的形式将约束集成到运算中，搜索生成的可行路径，求得最优路径。

如图 8.2 所示，设计一个贪心搜索算法实现最优路径的过滤。路径搜索从起始节点开始，并逐层向外扩展，每个连接到起始节点的节点都可以从邻接矩阵中查找得到，同时有向 join 积也可以用来确定邻接网络路径间的关系，并在动态路径搜索过程中整合拓扑和权重的更新。动态搜索过程如下：①从源节点开始，在网络中提取所有可行路径；②计算所有的路径的权重系数并排除不满足数值约束的路径；③对所有可行路径排序并选择当前最优路径；④沿着这条路径继续移动到下一个节点，在指定时间间隔更新网络权重并记录路径来发现下一个最优路径节点；⑤在网络中提取到下一个路径节点所有的可行路径；⑥重复②～⑤，直到所有路径搜索完成。

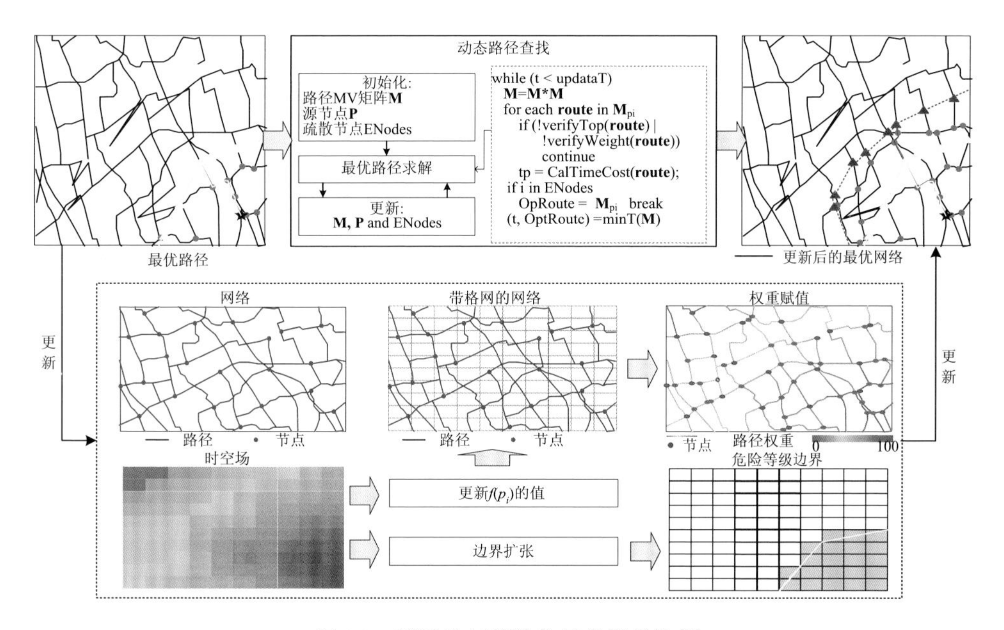

图 8.2　基于几何代数的最优路径计算

8.2　模板式场景分析算法实现

该案例的主要分析任务是模拟小轿车的运动和有毒气体积累。根据基于模板的 GIS 计算开发过程，确定模块分析的内部参数结构和两个模块间的集成结构是基于模板算法设计的关键点。图 8.3 为基于模板的场景分析流程。

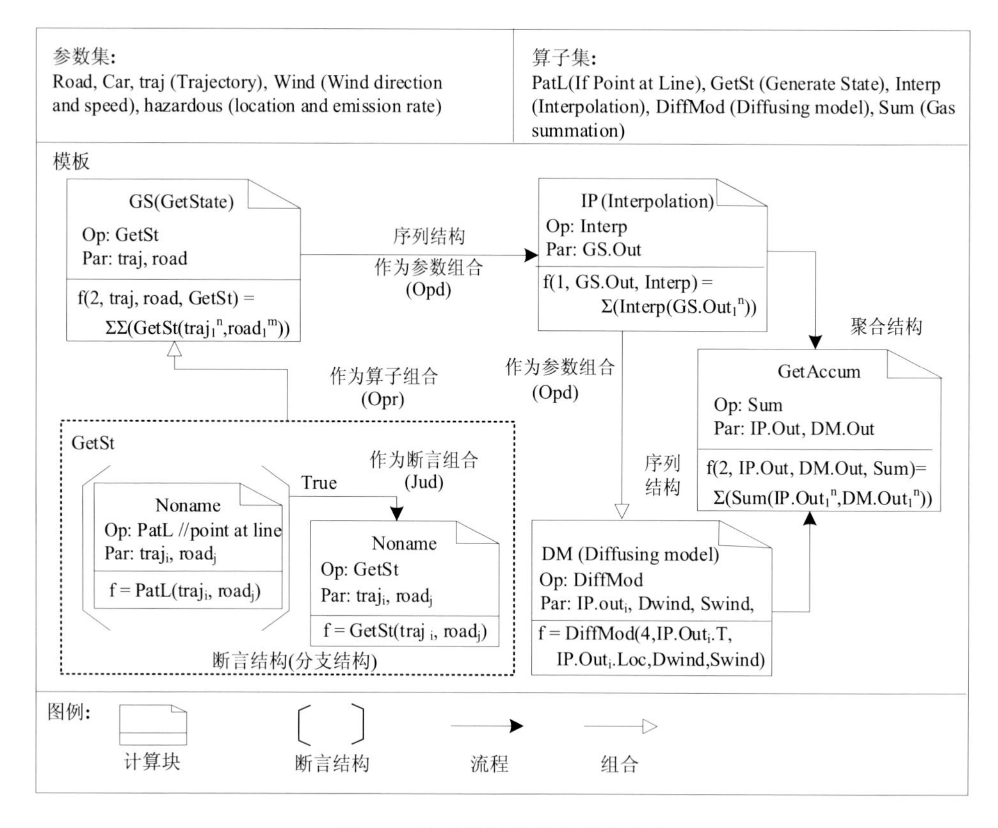

图 8.3　基于模板的场景分析流程

首先列出了用于场景分析的所有参数集(ParSet)和算子集(OpSet)，然后构建分析任务模块。GetSt 模块用来生成轨迹数据中每个点的状态向量，为了实现 GetState 模块，集成 PatL 模块作为 GetSt($traj_i$, $road_j$)模块的断言(judgement)。在以聚合结构运行的 GetState 模块结果的基础上构建了插值模块(IP)。利用 IP 模块和轨迹插值，气体的扩散过程可以在扩散模型模块(DM)上模拟。最后，以聚合结构构建的 GetAccum 模块并在 IP 和 DM 结果下运行，使用聚合参数结构，求得累积污染气体的值。

8.2.1 场景状态生成模板

分析的第一步就是根据在 gpx 文件中记录的轨迹点数据求得各时间点汽车的状态数据。由 8.1 节可知，运动状态数据由位置和方向两部分组成，由于没有存储姿态数据，这里需要根据轨迹点数据求得汽车的方向。假设车辆运动必须被限制沿着道路，即车辆在运行过程中总与道路方向一致，则可以通过判断当前位置点所在的道路线段而近似求得当前方向。构建汽车状态生成模板如图 8.4 所示，主要使用两个断言结构判断定位点与道路的关系，其中第一个断言结构查找点所在的路段，第二个断言结构用于判断两个相邻定位点是否跨路段，需要在跨路段的相邻定位点间插入路段端点。

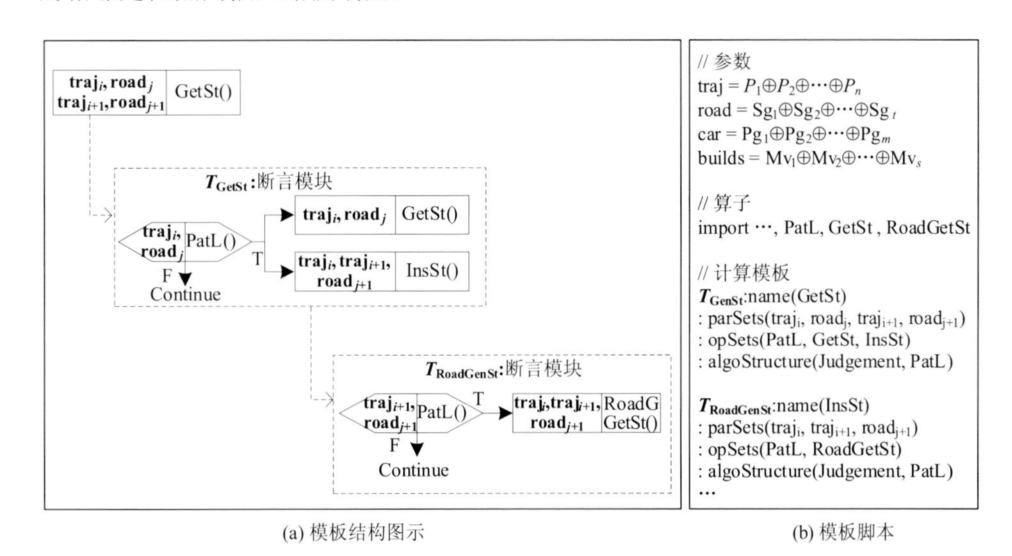

(a) 模板结构图示　　(b) 模板脚本

图 8.4 状态生成模板

8.2.2 场景状态插值模板

第二步则需要对上一步生成的状态向量执行插值操作，这里使用 Interp 算子来实现状态向量间的平滑插值。图 8.5 显示了模板结构和状态插值模板(IP)的生成过程，在模板中引入 PatL、GetSt 和 Interp 算子。这些算子的计算都是独立的，因此在这里可以使用分散结构模板，由于各模块是顺序执行的，模块间的连接使用了串行结构模板。

状态插值完成后，需要将汽车移动到插值的位置从而实现运动轨迹的模拟，在几何代数空间中可直接对汽车对象应用 versor 算子，即可得到变换后的汽车位

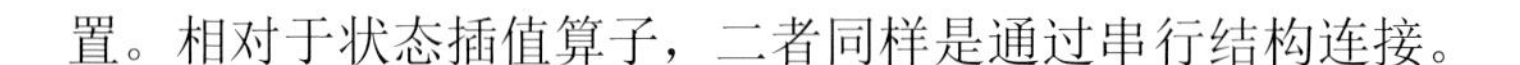

置。相对于状态插值算子，二者同样是通过串行结构连接。

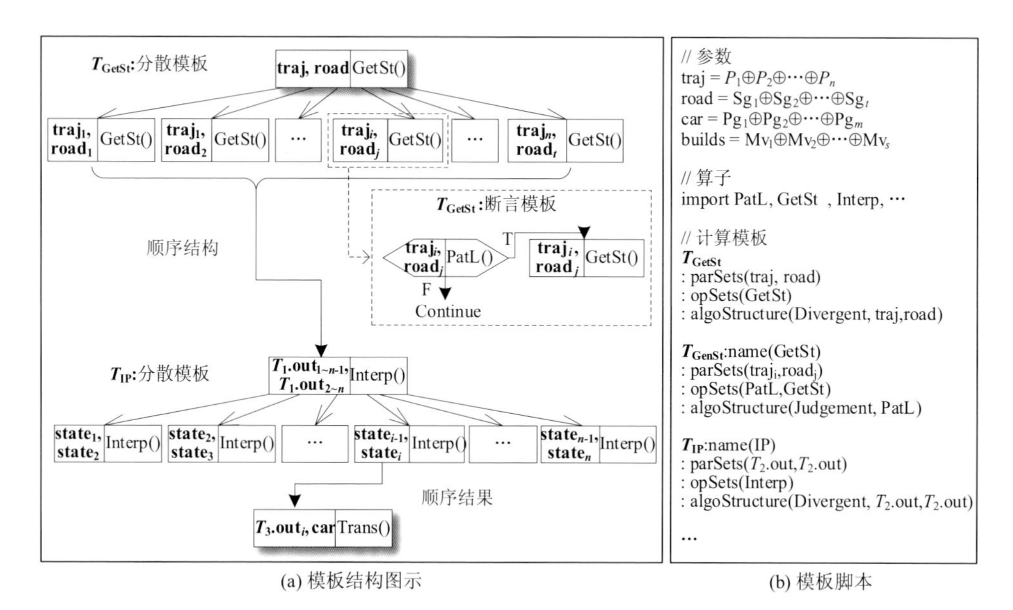

(a) 模板结构图示　　　　(b) 模板脚本

图 8.5　状态插值模板

8.2.3　累积有害气体计算模块

图 8.6 为有害气体累积计算模块示意图。如图所示，这里使用气体扩散模型(DM)来模拟有毒气体扩散。如式(8.1)所示，这个模型需要一些参数，包括 wind、hazardous、time 和 location，所以这个模板使用了分散结构。在这些参数中，location

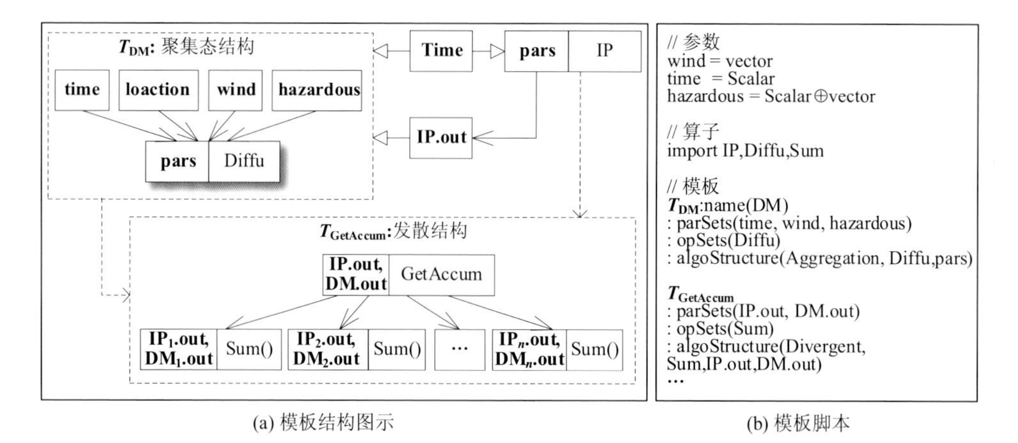

(a) 模板结构图示　　　　(b) 模板脚本

图 8.6　有害气体累积计算模块

是模板 IP 的结果，time 是模板 IP 同时使用的共享参数。参数共享可以使模板在整个场景中保持一致性，适合用于动态场景中模型的集成。进而组合 DM 和 IP 可以得到 GetAccum 模板，又由于轨迹中车辆的每个位置都应该包含在计算中，GetAccum 使用分散结构以一种有序的方式遍历 IP 和 DM 的所有输出。

8.3 典型应用示范

为了验证上述算法，本节构建三维城市场景的动态模拟与分析案例。假定该场景中发生了有害气体扩散，需要求得场景中的车辆在运动过程中的累积有害气体，以及车辆从当前位置撤离的最优路径，并实时显示在三维场景中。为了验证场景模型的数据集成能力，使用了多种类型的数据集，包括三维建筑数据、道路拓扑数据和轨迹数据等。使用 8.1 节中的有毒气体扩散模型来模拟动态疏散场景。最终，将本书结果与两个典型模型——Pathfinder 和 NetSEEM(Brachman and Dragicevic，2014)相对比，其中 Pathfinder 是一个广泛用于疏散模拟的软件，NetSEEM 是一个基于网络的紧急疏散模型。

8.3.1 数据与实验设计

构建基于某小区数据的三维场景案例，所使用的数据如表 8.3 所示。解析 CityGML 数据的几何结构，并将其转换到几何代数空间实现建模。场景拓扑数据(包括矢量障碍地图，栅栏和其他障碍)均是以 ESRI 的 shapefile 格式组织。然后使用 AutoCAD 文件(dxf 格式)来模拟运动对象(车辆)，并且其运动状态被存储在 GPS 交换数据格式(gpx)中。

表 8.3 案例数据

数据类型	数据格式	数据类型	数据格式
三维建筑	CityGML	环境监测站位置	xyz
车辆模型	dxf	风向观察	Text table
路网	ESRI shapefile	风速观察	Text table
运动状态	gpx		

模拟有毒气体扩散过程在一个 5m 高的建筑物中进行。为了尽可能地使模拟真实，可以在场景中设置模拟观察点，并将天气数据(风速和风向)包含进去。对于每一个环境监测站，将连续时间序列的风速和方向数据转换成栅格(风速)或矢量场(风的方向)来耦合模型模拟(分辨率取 10m×10m)。δ_y 和 δ_z 的值通过 GB

20951—2020 标准 H_2S 的经验值来选择(Zhang et al.，2014)。最后构建得到包含三维城市、路网、监测节点和权重的三维场景。

本章使用联想 ThinkPad T440s 计算机进行案例研究，案例的硬件环境为：i5-4200 CPU、12GB 内存和 500GB/7200rpm 硬盘；软件环境为：Windows 8.1 家庭版系统、Microsoft Visual C++2010 编译器。算法被编译为动态链接库，并以插件的形式集成到 CAUSTA 系统(Yuan et al.，2010)。将实验数据导入 CAUSTA 系统，并转换成几何代数表达，利用 gpx 数据模拟车辆等场景运动对象的运动过程，计算运动过程中有害气体的累积量。在疏散场景中，需要规划出从危险区域逃脱到最近安全区域的最优疏散路径，一方面需要考虑疏散过程中有害气体的累积量，另一方面也需要通过场景中有害气体浓度的变化更新路径权重，并根据权重变化，适时地修正规划路径。应急疏散场景模拟由 5 个步骤构成：数据导入和场景构建、气体扩散模型、危险区域计算、疏散节点提取和最优疏散路径分析。

8.3.2 场景建模与可视化

在场景构建过程中，利用几何代数矢量模型对 CityGML 数据建模[图 8.7(a)]。由于道路网仅关注节点间的连通信息，可以将道路网拓扑简化到只包含交叉节点(至少两条街道的交叉节点)[图 8.7(b)]。这些节点和重要的基础设施被设置为网络节点，且通过几何代数表达的网络拓扑来生成邻接矩阵。在每个气象监测站点中可以得到风速和方向的时间序列[图 8.7(c)]，利用这些站点数据，可以插值得到三维时空场数据[图 8.7(d)]。该时空场数据可用于气体扩散模型的参数输入，将其以多重向量场的形式表达并导入模型中[图 8.7(e)]，而后利用网格剖分方法计算每条路径上的污染物浓度[图 8.7(f)]。

8.3.3 模拟与疏散路径规划结果分析

图 8.8 为场景中汽车在轨迹模拟过程中有害气体累积量计算结果。右边的深红线为插值得到的轨迹，结果表明插值轨迹基本上沿着道路平滑延伸；左边的细线为有害气体累积值；结果表明当汽车远离污染区域时累积气体保持在一个很低的值，当靠近源头时，累积值急剧升高，此后又逐渐趋于平缓。

在疏散过程中，原始路径的连通性，以及如路径长度、高危节点、疏散时间等路径约束均被记录为权重。在本书的实验中，选择最小疏散时间作为主要成本来执行最优疏散路径分析。路径长度、毒气累积、疏散时间、平均计算时间如表 8.4 所示。

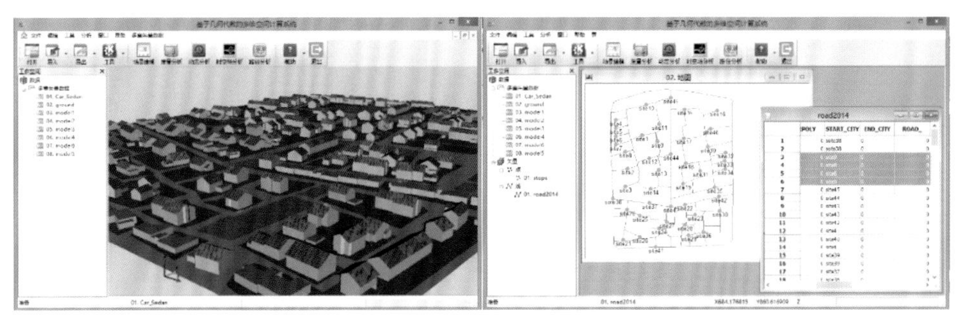

(a) 三维场景建模结果　　(b) 网络结构表达

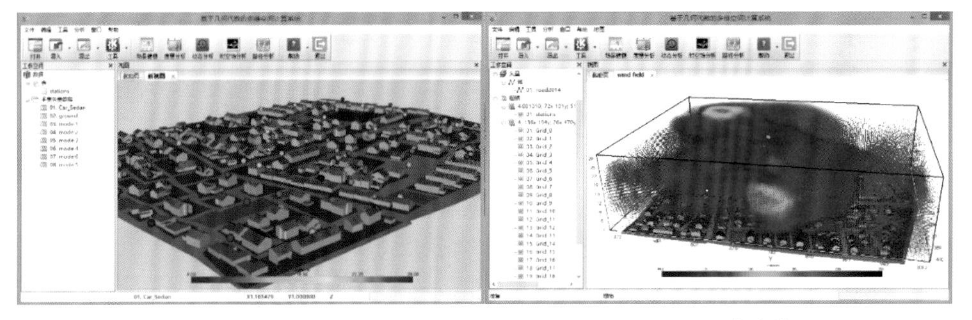

(c) 气象监测站点　　(d) 风场表达

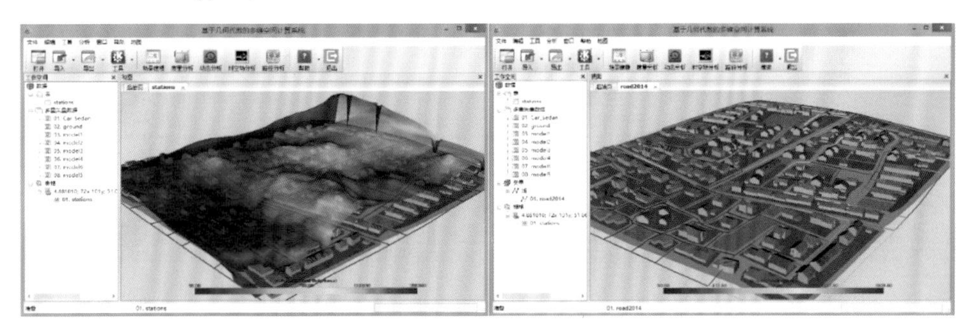

(e) 气体扩散的动态模拟　　(f) 道路网的权重更新

图 8.7 场景建模与可视化

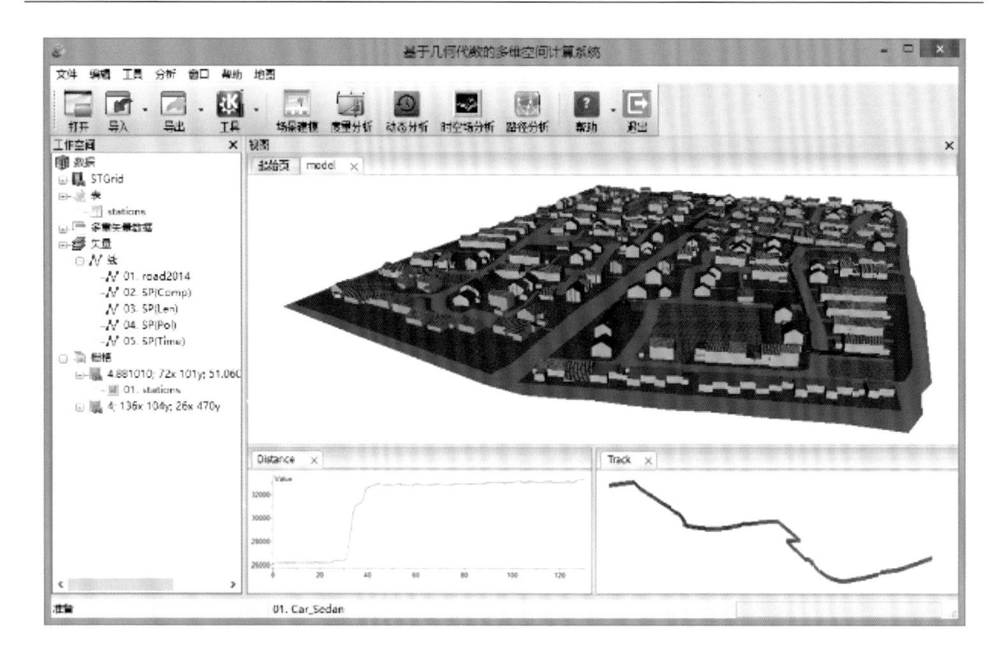

图 8.8　有害气体累积量计算结果

表 8.4　疏散路径规划结果

每个时间戳的最优路径	路径长度/m	毒气累积/m^3	疏散时间/s	平均计算时间/ms
T1	4200.00	1593.3	210.00	3237.10
T2	4527.20	2625.6	226.36	3854.00
T3	4467.10	2962.2	223.36	3485.18
T4	4465.90	1813.7	223.30	2797.00

有毒气体扩散下的疏散模拟对分析模块的动态性要求很高(Liu et al.，2015)。各种地理空间数据和分析模型必须能够动态集成起来，并参与整个疏散过程的计算(Kwan and Lee，2005)。在这个研究中，可通过引入几何代数来发展一种在最优疏散场景中集成气体扩散的模型，形成由数据驱动的动态场景分析。凭借多重向量的统一特性，不同种类的地理空间数据可整合表达到统一的场景中，显著降低了有毒气体扩散下疏散模拟的复杂性，本书的方法提供了一个支持有毒气体扩散下动态疏散模拟的新框架。

8.4 本 章 小 结

本章设计了基于多元数据动态约束场景的建模与分析案例，模拟了污染物浓度约束条件下的城市场景中的疏散路径求解。首先，设计了模板式的场景分析流程，利用三种基本模板结构构建了场景状态插值、状态更新和关系计算模板，实现路径数据的动态计算与更新；然后，设计了带约束的动态最优路径查找算法，实现动态场景中疏散路径的求解。

在基于几何代数的有毒气体扩散下的疏散模拟程序中，由几何代数算法完成的计算算法可以很容易地实现与扩展。基于几何代数算法的地理空间计算的结果也是多重向量，与模型具有相似的结构，这个结构可以很容易地集成到包含数据更新和交换的应用场景中。在本书的案例研究中，该框架通过整合地理空间计算和数据更新流程能很好地支持整个动态疏散过程。

参 考 文 献

贲进, 童晓冲, 汪磊, 等. 2010. 利用球面离散格网组织空间数据的关键技术[J]. 测绘科学技术学报, (5): 383-386.

曹文明, 冯浩. 2010. 仿生模式识别与信号处理的几何代数方法[M]. 北京: 科学出版社.

陈静, 龚健雅, 向隆刚. 2011. 全球多尺度空间数据模型研究[J]. 地理信息世界, (4): 24-27.

陈娟, 刘大有, 贾海洋, 等. 2010. 基于 MBR 的拓扑、方位、尺寸结合的定性空间推理[J]. 计算机研究与发展, 47(3): 426-433.

陈军, 郭薇. 1998. 基于剖分的三维拓扑 ER 模型研究[J]. 测绘学报, 27(4): 308-317.

陈军, 侯妙乐, 赵学胜. 2007. 球面四元三角网的基本拓扑关系描述和计算[J]. 测绘学报, 36(2): 176-180.

邓敏, 黄雪萍, 刘慧敏, 等. 2011. 利用自然语言空间关系的空间查询方法研究[J]. 武汉大学学报(信息科学版), 36(9): 1089-1093.

邓敏, 徐凯, 赵彬彬, 等. 2010. 基于结构化空间关系信息的结点层次匹配方法[J]. 武汉大学学报(信息科学版), 35(8): 913-916.

邓敏, 徐锐, 李志林, 等. 2009. 空间查询中自然语言空间关系与度量空间关系的转换方法研究: 以面目标为例[J]. 测绘学报, 38(6): 527-531.

杜冲, 司望利, 许珺. 2010. 基于地理语义的空间关系查询和推理[J]. 地球信息科学学报, 12(1): 48-55.

杜晓初, 黄茂军. 2007. 不确定线-面拓扑关系的描述与判别[J]. 测绘学报, 36(3): 340-343+350.

龚建雅. 1997. GIS 中面向对象时空数据模型[J]. 测绘学报, 26(4): 289-298.

何建华, 刘耀林, 俞艳, 等. 2008. 基于模糊贴近度分析的不确定拓扑关系表达模型[J]. 测绘学报, 37(2): 212-222.

侯妙乐, 邢华桥, 赵学胜, 等. 2012. 球面四元三角网的复杂拓扑关系计算[J]. 武汉大学学报(信息科学版), 37(4): 468-471+481.

胡圣武, 许辉, 王新洲, 等. 2004. 基于不确定性下的空间拓扑关系模型[J]. 测绘工程, 13(4): 22-24.

康栋贺, 邹自明, 胡晓彦, 等. 2017. 支持时空耦合计算的 HTM-ST 日地空间系统数据组织模型[J]. 地球信息科学学报, 19(6): 735-743.

雷永林, 赵雯, 王维. 2005. 分布式模型集成工具 HLA Wrapper 的设计与实现[J]. 系统仿真学报, 17(1): 245-248.

李朝奎, 杨偶, 吴柏燕, 等. 2012. 大范围 3DCM 场景实时并行绘制的任务划分及策略[J]. 地理与地理信息科学, 28(6): 24-27.

李德仁, 李清泉. 1997. 一种 3D GIS 混合数据结构的研究[J]. 测绘学报, 26(2): 128-133.
李洪波. 2005. 共形几何代数——几何代数的新理论和计算框架[J]. 计算机辅助设计与图形学学报, 17(11): 2383-2393.
李清泉, 李德仁. 1998. 三维空间数据模型集成的概念框架研究[J]. 测绘学报, 27(4): 325-329.
李青元. 1997. 三维矢量结构 GIS 拓扑关系及其动态建立[J]. 测绘学报, 26(3): 235-240.
李延芳, 顾耀林. 2007. 矢量场数据演示的快速 Clifford 傅立叶变换[J]. 计算机工程与设计, 28(21): 5177-5178+5189.
李志锋, 吴立新, 余接情, 等. 2012. 基于 VisIt 与地球系统格网的并行可视化实验[J]. 测绘科学技术学报, (2): 144-148.
刘新, 刘文宝, 李成名. 2010. 三维体目标间拓扑关系与方向关系的混合推理[J]. 武汉大学学报(信息科学版), 35(1): 74-78.
卢锡城, 白建军, 彭伟, 等. 2005. 一种基于分时的 LEO 卫星网络无环路由算法[J]. 通讯学报, 26(5): 9-16.
陆峰. 2001. 最短路径算法: 分类体系与研究进展[J]. 测绘学报, 30(3): 269-275.
罗文, 袁林旺, 俞肇元, 等. 2012. 多维向量场辐散辐合结构特征自适应匹配方法[J]. 电子学报, 40(9): 1729-1734.
罗文, 袁林旺, 俞肇元, 等. 2013. 多维向量场特征参数的几何代数统一计算方法[J]. 系统工程理论实践, 33(9): 2390-2396.
马林兵, 曹小曙. 2006. 空间关系的动态性和模糊性描述[J]. 地理与地理信息科学, 22(6): 1-4.
尚可政, 王式功, 杨德保, 等. 1999. 三角形法计算涡度和散度的一种改进方案[J]. 高原气象, 18(2): 250-254.
沈敬伟, 闾国年, 温永宁, 等. 2011. 拓扑和方向空间关系组合描述及其相互约束[J]. 武汉大学学报(信息科学版), 36(11): 1305-1308+1323.
宋关福, 陈勇, 罗强, 等. 2021. GIS 基础软件技术体系发展及展望[J]. 地球信息科学学报, 23(1): 2-15.
宋效东, 刘学军, 汤国安, 等. 2012. DEM 与地形分析的并行计算[J]. 地理与地理信息科学, 28(4): 1-7.
汪文英, 张冬明, 张勇东, 等. 2010. 利用仿射变换的快速空间关系验证[J]. 计算机辅助设计与图形学学报, 22(4): 625-631.
王永杰, 孟令奎, 赵春宇. 2007. 基于 Hilbert 空间排列码的海量空间数据划分算法研究[J]. 武汉大学学报(信息科学版), 32(7): 650-653.
吴立新, 陈学习, 车德福, 等. 2007. 一种基于 GTP 的地下真 3D 集成表达的实体模型[J]. 武汉大学信息科学版, 32(4): 331-334.
吴亮, 谢忠, 陈占龙, 等. 2010. 分布式空间分析运算关键技术[J]. 地球科学(中国地质大学学报), 35(3): 362-368.
吴孟泉, 张安定, 王周龙, 等. 2012. 一种本体驱动的空间信息集成方法[J]. 测绘科学, 37(3): 157-159+162.

吴志峰, 柴彦威, 党安荣, 等. 2015. 地理学碰上“大数据”: 热反应与冷思考[J]. 地理研究, 34(12): 2207-2221.

肖汉, 张祖勋. 2010. 基于 GPGPU 的并行影像匹配算法[J]. 测绘学报, 39(1): 322-327.

谢顺平, 冯学智, 鲁伟. 2010. 基于道路网络分析的 Voronoi 面域图构建算法[J]. 测绘学报, 39(1): 88-94.

喻占武, 郑胜, 李忠民. 2008. 一种混合式 P2P 下的大规模地形数据传输机制[J]. 测绘学报, 37(2): 243-249.

翟晓芳, 龚健雅, 肖志峰, 等. 2011. 利用流水线技术的遥感影像并行处理[J]. 武汉大学学报(信息科学版), 36(12): 1430-1433.

张锦明. 2003. 基于检查的拓扑关系自动构建算法[J]. 测绘工程, 12(3): 46-49.

赵春宇, 孟令奎, 林志勇. 2006. 一种面向并行空间数据库的数据划分算法研究[J]. 武汉大学学报(信息科学版), 31(11): 962-965.

赵仁亮. 2002. 基于 Voronoi 图的空间关系计算研究[D]. 长沙: 中南大学, 6.

赵毅, 朱鹏, 迟学斌, 等. 2007. 浅析高性能计算应用的需求与发展[J]. 计算机研究与发展, (10): 10-16.

赵元, 张新长, 康停军. 2010. 并行蚁群算法及其在区位选址中的应用[J]. 测绘学报, (3): 322-327.

赵园春, 李成名, 赵春宇. 2007. 基于 R 树的分布式并行空间索引机制研究[J]. 地理与地理信息科学, 23(6): 38-41.

郑茂辉, 冯学智, 蒋莹滢, 等. 2006. 基于描述逻辑本体的 GIS 多重表达[J]. 测绘学报, 35(3): 261-266.

周成虎. 2015. 全空间地理信息系统展望[J]. 地理科学进展, 34(2): 129-131.

周国军, 吴庆军. 2016. 基于 Map Reduce 的 DHP 算法并行化研究[J]. 计算机应用与软件, (6): 47-50.

周秋生, 王延亮, 马俊海. 2005. 对 TIN 模型边界生成算法的研究[J]. 测绘通报, (5): 30-32.

周艳, 朱庆, 张叶廷. 2007. 基于 Hilbert 曲线层次分解的空间数据划分方法[J]. 地理与地理信息科学, 23(4): 13-17.

朱大奇, 于盛林. 2002. 基于 D-S 证据理论的数据融合算法及其在电路故障诊断中的应用[J]. 电子学报, 30(2): 221-223.

朱剑. 2013. 基于虚拟云计算架构的 GIS 服务资源弹性调度应用研究[J]. 测绘通报, (5): 96-99+111.

Ablamowicz R, Fauser B. 2005. Mathematics of CLIFFORD: A Maple package for Clifford and Grassmann algebras[J]. Advances in Applied Clifford Algebras, 15(2): 157-181.

Ablamowicz R, Fauser B. 2014. On parallelizing the Clifford algebra product for CLIFFORD[J]. Advances in Applied Clifford Algebras, 24(2): 553-567.

Andrei A. 2010. The D Programming Language[M]. Upper Saddle River, NJ: Addison-Wesley.

Bayro-Corrochano E. 2001. Geometric neural computing[J]. IEEE Transactions on Neural Networks,

12(5): 968-986.

Bayro-Corrochano E, Banarer V. 2001. A geometric approach for the theory and applications of 3D projective invariants[J]. Journal of Mathematical Imaging and Vision, 16: 131-154.

Bayro-Corrochano E, Vallejo R, Arana-Daniel N. 2005. Geometric prepro-cessing, geometric feedforward neural networks and Clifford support vector machines for visual learning[J]. Neurocomputing, 67: 54-105.

Berry J K. 1987. Fundamental operations in computer-assisted map analysis[J]. International Journal of Geographical Information Systems, 1: 119-136.

Brachman M L, Dragicevic S. 2014. A spatially explicit network science model for emergency evacuations in an urban context[J]. Computers, Environment and Urban Systems, 44: 5-26.

Brackx F, Schepper N, Sommen F. 2005. The Clifford-Fourier transform[J]. Journal of Fourier Analysis and Applications, 11(6): 669-681.

Bromborsky A. 2022. https: //github. com/brombo/galgebra (online).

Browne J. 2012. Grassmann Algebra Volume 1: Foundations: Exploring Extended Vector Algebra with Mathematica[M]. Charleston, South Carolina: CreateSpace Independent Publishing Platform.

Buchholz S, Hitzer E M S, Tachibana K. 2007. Optimal learning rates for Clifford neurons[C]//International Conference on Artificial Neural Networks, Porto, Portugal: 9-13.

Buchholz S, Hitzer E M S, Tachibana K. 2008. Coordinate independent update formulas for versor Clifford neurons[C]//International Conference on Soft Computing and Intelligent Systems (SCIS) and 9th International Symposium on advanced Intelligent Systems (ISIS 2008), Nagoya, Japan.

Câmara G. 2005. Towards a generalized map algebra: principles and data types[C]//International conference VII Brazilian Symposium on Geoinformatics, 20-23 November, São Paulo, Brazil: INPE, 66-81.

Cameron J, Lasenby J. 2005. Oriented conformal geometric algebra[C]//Proceeding of ICCA7.

Camp W J, Thierry P. 2010. Trends for high-performance scientific computing[J]. Leading Edge, 29(1): 44-47.

Candanedo J. 2022. What Is Metaprogramming?[OL]. https: //www. easytechjunkie. com/what-is-metaprogramming. htm. 10-23.

Chen K Y, Wu Q L, Yang W, et al. 2010. Elastic wave field separation numerical modeling scheme based on divergence and curl[J]. Geophysical and Geochemical Exploration, 34(1): 103-107.

Cheng D K. 1983. Field and Wave Electromagnetics [M]. Reading, MA: Addison-Wesley Publishing Company.

Clementini E, Di Felice P. 1996. A model for representing topological relationships between complex geometric features in spatial databases[J]. Information Sciences, 90(1): 121-136.

Clifford W K. 1878. Applications of Grassmann's extensive algebra[J]. American Journal of

Mathematics, 1: 350-358.

Clifford W K. 1882. On the classification of geometric algebras[C]//Tucker R (ed.) Mathematical Papers. London: Macmillan: 397-401.

Cohn A G, Bennett B, Gooday J, et al. 1997. Qualitative spatial representation and reasoning with the region connection calculus[J]. Geoinformatica, 1 (3) : 275-316.

Colapinto P. 2011. Versor: Spatial Computing with Conformal Geometric Algebra[D]. California: University of California at Santa Barbara.

Couclelis H. 1997. From cellular automata to urban models: New principles for model development and implementation[J]. Environment and Planning B, 24: 165-174.

Cova T J, Goodchild M F. 2002. Extending geographical representation to include fields of spatial objects[J]. International Journal of Geographical Information Science, 16 (6) : 509: 532.

Dangermond J. 1983. A classification of software components commonly used in geographic information systems[C]// Peuquet D J, O'Callaghan J (eds). Design and Implementation of Computer-based Geographic Information Systems. Amherst, NY: International Geographical Union, Commission on Geographical Data Sensing and Processing: 70-91.

De Kok P M. 2012. Visualization of the Projective Line Geometry for Geometric Algebra[D]. Amsterdam: University of Amsterdam.

Dorst L. 2001. Honing geometric algebra for its use in the computer sciences[C]//Sommer G (ed). Geometric Computing with Clifford Algebra, New York: Springer.

Dorst L, Fontijne D. 2003. 3D euclidean geometry through conformal geometric algebra (a GAViewer tutorial) [Z]. http: //www. science. uva. nl/ga.

Dorst L, Fontijne D, Mann S. 2007. Geometric Algebra for Physicists[M]. Burlington: Morgan Kaufmann Publishers, Elsevier Inc.

Dorst L, Fontijne D, Mann S. 2009. Geometric Algebra for Computer Science: An Object-oriented Approach to Geometry[M]. San Francisco: Morgan Kaufmann Publishers.

Dorst L, Lasenby J. 2011. Guide to Geometric Algebra in Practice[M]. London: Springer.

Dorst L, Mann S. 2002. Geometric algebra: A computational framework for geometrical applications: Part I Algebra[J]. IEEE Computer Graphics and Applications, 22 (3) : 24-31.

Ebling J. 2005. Clifford Fourier transform on vector fields[J]. IEEE Transactions on Visualization and Computer Graphics, 11 (4) : 469-479.

Ebling J, Scheuermann G. 2003. Clifford convolution and pattern matching on vector fields[C]//IEEE Visualization, IEEE Computer Society, Los Alamitos, California: 193-200.

Ebling J, Scheuermann G. 2006. Template matching on vector fields using Clifford Algebra[C]// Proceeding of The International Conference on the Applications of Computer Science and Mathematics in Architecture and Civil Engineering (IKM 2006) , Weimar.

Eduardoe R. 2011. Operaciones de Cómputo Gráfico en el Espacio Geométrico Conforme 5D usando GPU[D]. Venezuela: Universidad Simón Bolívar.

Egenhofer M F. 1993. A model for detailed binary topological relationships[J]. Geomatica, 47(3): 261-273.

Egenhofer M F, Franzosa R. 1991. Point set topological spatial relations[J]. International Journal of Geographical Information Systems, 5(2): 161-174.

Eid A H. 2018. An extended implementation framework for geometric algebra operations on systems of coordinate frames of arbitrary signature[J]. Advances in Applied Clifford Algebras, 28(1): 1-32.

Ekert A, Jozsa R. 1996. Quantum computation and Shor's factoring algorithm[J]. Reviews of Modern Physics, 68(3): 733-753.

Etzel K R, McCarthy J M. 1999. Interpolation of spatial displacements using the Clifford algebra of E4[J]. Journal of Mechanical Design, Transactions of the ASME, 121(1): 39-44.

Fekete G. 1990. Rendering and managing spherical data with sphere quadtrees[C]//Proceeding of IEEE Visualization. San Francisco, California: 176-186.

Fontijne D. 2006. Gaigen 2: A Geometric Algebra Implementation Generator[C]//Proceeding of 5th International Conference on Generative Programming and Component Engineering, Portland, Oregon: 141-150.

Fontijne D. 2010. Gaigen 2.5: Geometric Algebra Implementation Generator[R]: 1-112.

Fontijne D, Bouma T, Dorst L. 2001. Gaigen: A geometric algebra implementation generator[C]// Fontijne D, Dorst L. Modeling 3D Euclidean Geometry. IEEE Computer Graphics and Applications: 68-78.

Fontijne D, Dorst L. 2003. Modeling 3D euclidean geometry[J]. IEEE Computer Graphics and Applications, 23(2): 68-78.

Fontijne D, Dorst L. 2010. Efficient Algorithms for Factorization and Join of Blades[M]. London: Springer: 457-476.

Galton A. 2003. Desiderata for a spatio-temporal geo-ontology[C]//Springer-Verlag Berlin Heidelberg, 2825: 1-12.

Gao Y, Zheng B, Chen G, et al. 2010. Continuous visible nearest neighbor query processing in spatial databases[J]. The VLDB Journal. DOI: 10. 1007/s00778-010-0200-z.

Gentile A, Segreto S, Sorbello F. 2005. CliffoSor: A parallel embedded architecture for geometric algebra and computer graphics[C]//Seventh International Workshop on Computer Architecture for Machine Perception (CAMP 2005), Palermo, Italy: 90-95.

Goodchild M F. 2008. Combining space and time: new potential for temporal GIS[C]// Knowles A K (ed). Placing History: How Maps, Spatial Data, and GIS Are Changing Historical Scholarship. Redlands, CA: ESRI Press: 179-198.

Goodchild M F. 2011. Spatial thinking and the GIS user interface[J]. Procedia - Social and Behavioral Sciences, 21: 3-9.

Goodchild M F, Yuan M, Cova T J. 2007. Towards a general theory of geographic representation in

GIS[J]. International Journal of Geographical Information Science, 21(3): 239-260.

Grassmann H. 1862. Die Ausdehnungslehre: Vollstaendig und in strenger Form begruendet[M]. London: Cambridge University Press.

Grover L K. 1997. Quantum computers can search arbitrarily large databases by a single query[J]. Physical Review Letters, 79(23): 4709-4712.

Güting R H. 1989. GRAL: An extensible relational database system for geometric applications[J]. The VLDB Journal, 89: 33-44.

Güting R H, Schneider M. 1995. Realm-based spatial data types: The ROSE algebra[J]. The VLDB Journal, 4(2): 243-286.

Hestenes D. 1968a. Multivector calculus[J]. Journal of Mathematical Analysis and Applications, 24(2): 313-325.

Hestenes D. 1968b. Multivector functions[J]. Journal of Mathematical Analysis and Applications, 24(3): 467-473.

Hestenes D. 2001. Old wine in new bottles: A new algebraic framework for computational geometry[C]// Geometric Algebra with Applications in Science and Engineering: 3-17.

Hildenbrand D. 2013a. A Tutorial on Geometric Algebra Using CLUCalc[C]//Foundations of Geometric Algebra Computing. Berlin Heidelberg: Springer: 71-100.

Hildenbrand D. 2013b. Foundations of Geometric Algebra Computing[M]. New York: Springer.

Hildenbrand D, Lange H, Stock F, et al. 2008. Efficient inverse kinematics algorithm based on conformal geometric algebra using reconfigurable hardware[C]//GRAPP Conference, Madeira, Portugal.

Hitzer E. 2011. New views of crystal symmetry guided by profound admiration of the extraordinary works of Grassmann and Clifford[C]//From Past to Future: Grassmann's Work in Context. Birkhauser: 413-422.

Hitzer E, Mawardi B. 2008. Clifford Fourier transform on multivector fields and uncertainty principles for dimensions n=2 (mod 4) and n=3 (mod 4) [J]. Advances in Applied Clifford Algebras, 18(3-4): 715-736.

Hitzer E, Nitta T, Kuroe Y. 2013. Applications of Clifford's geometric algebra[J]. Advances in Applied Clifford Algebras, 23(2): 377-404.

Hitzer E, Sangwine S J. 2013. Quaternion and Clifford Fourier Transforms and Wavelets[M]. New York: Springer.

Hostetter M, Kranz D, Seed C, et al. 2017. Curl: A gentle slope language for the Web[OL]. [2017-09-01]. http: //groups. csail. mit. edu/cag/curl/wwwpaper. html.

Hyman J M, Shashkov M. 1997. Natural discretizations for the divergence, gradient, and curl on logically rectangular grids[J]. Computers and Mathematics with Applications, 33(4): 81-104.

Jian H, Fan X. 2014. Three-dimensional visualization of harmful gas diffusion in an urban area[C]. 8th International Symposium of the Digital Earth (ISDE8), 18: 6.

Karim M R, Hossain M A, Rashid M M, et al. 2012. A MapReduce Framework for mining maximal contiguous frequent patterns in large DNA sequence datasets[J]. IETE Technical Review (Institution of Electronics and Telecommunication Engineers, India), 29(2): 162-168.

Krewski D, Bakshi K, Garrett R, et al. 2004. Development ofacute exposure guideline levels for airborne exposures to hazardous substances[J]. Regulatory Toxicology and Pharmacology, 39: 184-201.

Kwan M P, Lee J. 2005. Emergency response after 9/11: the potential of real-time 3D GIS for quick emergency response in micro-spatial environments[J]. Computers, Environment and Urban Systems, 29(2): 93-113.

Lasenby A. 2004. Recent applications of conformal geometric algebra[C]//Proceeding of International Workshop on Geometric Invariance and Applications in Engineering, Xi'an, China.

Lasenby J, Bayro-Corrochano E, Lasenby A, et al. 1996. A new methodology for computing invariants in computer vision[C]//Proceeding of 13th International Conference on Pattern Recognition, Vienna, Austria.

Lasenby J, Fitzgerald W J, Lasenby A, et al. 1998. New geometric methods for computer vision: An application to structure and motion estimation. International[J]. Journal of Computer Vision, 3(26): 191-213.

Leopardi P. 2022. https: //github. com/penguian/glucat(online).

Li F, Xu G B. 2009. A Novel Scheme of Speech Enhancement Based on Quantum Neural Network[C]//Proceeding of International Asia Symposium on Intelligent Interaction and Affective Computing Wuhan, China, (1): 141-144.

Li H. 2008. Invariant Algebras and Geometric Reasoning[M]. Singapore: World Scientific.

Li H, Hestenes D, Rockwood A. 2001. Generalized homogeneous coordinates for computational geometry[C]// Geometric Computing with Clifford Algebra. Springer: 27-59.

Li X, Hodgson M E. 2004. Vector field data model and operations[J]. GIScience and Remote Sensing, 41(1): 1-24.

Li Z, Huang P. 2002. Quantitative measures for spatial information of maps[J]. International Journal of Geographical Information Science, 16(7): 699-709.

Lin B, Zhou L, Xu D, et al. 2018. A discrete global grid system for earth system modeling[J]. International Journal of Geographical Information Science, 32(4): 711-737.

Liu K F, Shi W Z. 2006. Computing the fuzzy topological relations of spatial objects based on induced fuzzy topology[J]. International Journal of Geographical Information Science, 20(8): 857-883.

Liu T, Chi T, Li H, et al. 2015. A GIS-oriented location model for supporting indoor evacuation[J]. International Journal of Geographical Information Science, 29(2): 305-326.

López-Franco C, Arana-Daniel N, Alanis A Y. 2012. Visual servoing on the sphere using conformal geometric algebra[J]. Advances in Applied Clifford Algebras: 22-37.

Luo W, Hu Y, Yu Z et al. 2017. A hierarchical representation and computation scheme of arbitrary-dimensional geometrical primitives based on CGA[J]. Advances in Applied Clifford Algebras, 27(3): 1977-1995.

Ma T, Wang S. 2002. Structural classification and stability of divergence-free vector fields[J]. Physica D Nonlinear Phenomena, 171(1-2): 107-126.

Maguire D J, Dangermond J. 1991. The functionality of GIS[C]//Maguire D J, Goodchild M F, Rhind D W (eds). Geographical Information Systems: Principles and Applications 1991, Harlow, UK: Longman Scientific & Technical, 1: 319-335.

Mann S, Dorst L. 2002. Geometric algebra: a computational framework for geometrical applications: Part II Applications[J]. Computer Graphics and Application, 22(4): 58-67.

Mann S, Dorst L, Bouma T. 2001. The making of GABLE, a geometric algebra learning environment in Matlab[R]: 491-511.

Manola F, Dayal U. 1986. PDM: An object-oriented data mode[C]//Proceeding of International Workshop on Object-oriented Database Systems, 23 Sep 1986, Pacific Grove, CA, USA. Washington, DC: IEEE Computer Society Press: 18-25.

Marsden J E, Tromba A. 2003. Vector Calculus[M]. 5th ed. New York: W. H. Freeman.

Martinez-Llario J, Weber-Jahnke J H, Coll E. 2009. Improving dissolve spatial operations in a simple feature model[J]. Advances in Engineering Software, 40 (3): 170-175.

Mawardi B, Hitzer E. 2006. Clifford Fourier transformation and uncertainty principle for the Clifford geometric algebra Cl3, 0[J]. Advances in Applied Clifford Algebra, 16 (1): 41-61.

Miller F J, Schlosser P M, Janszen D B. 2000. Haber's rule: A special case in a family of curves relating concentration and duration of exposure to a fixed level of responsefor a given endpoint[J]. Toxicology, 149: 21-34.

Mineter M J. 2003. A software framework to create vector-topology in parallel GIS operations[J]. International Journal of Geographical Information Science, 17(3): 203-222.

Molenaar M. 1990. A formal data structure for 3D vector maps[C]// Proceeding of the first European Conference on Geographical Information Systems, Amsterdam, The Netherlands: 10-13.

Mouratidis L H U K, Mamoulis N. 2010. Continuous spatial assignment of moving users[J]. The VLDB Journal, 19: 141-160.

Nehmeier M. 2012. Interval arithmetic using expression templates, template meta programming and the upcoming C++ standard[J]. Computing, 94(2-4): 215-228.

Neve H D, Meghem P V. 2000. TAMCRA: A tunable accuracy multiple constraints routing algorithm[J]. Computer Communications, 23(11): 667- 678.

Nicolas S, Renato P. 1991. Delaunay triangulation of arbitrarily shaped planar domains[J]. Computer Aided Geometric Design, 8: 421-437.

Ottoson P, Hauska H. 2002. Ellipsoidal quadtrees for indexing of global geographical data[J]. International Journal of Geographical Information Science, 16(3): 213-226.

Parkin S T. 2022. http: //spencerparkin. github. io/GALua/[OL].

Pei T, Song C, Guo S. 2020. Big geodata mining: Objective, connotations and research issues[J]. Journal of Geographical Sciences, 30(2): 251-266.

Perwass C. 2000. Applications of Geometric Algebra in Computer Vision[D]. London: Cambridge University.

Perwass C. 2003. Teaching Geometric Algebra with CLUCalc[C]//Proceeding of International Symposium on Innovative Teaching of Mathematics with Geometric Algebra, Kyoto, Japan: 33-50.

Perwass C. 2006. CLUCalc. http: //www. clucalc. info/ [OL].

Perwass C. 2009. Geometric Algebra with Applications in Engineering[M]. Berlin, Heidelberg: Springer-Verlag: 4.

Perwass C, Forstner W. 2006. Uncertain geometry with circles, spheres and conics[C]//Geometric Properties from Incomplete Data, volume 31 of Computational Imaging and Vision. Springer: 23-41.

Perwass C, Lasenby J. 1998. A geometric derivation of the trifocal tensor and its constraints[C]// Proceeding of Image and Vision Computing New Zealand, Auckland, New Zealand: 157-162.

Perwass C, Lasenby J. 2001. A Unified Description of Multiple View Geometry[C]//Proceeding of Geometric Computing with Clifford Algebras, Springer: 337-369.

Perwass C, Sommer G. 2006. The inversion camera model[C]//Proceeding of Pattern Recognition, 28th DAGM Symposium, Berlin, Germany: 12-14.

Pham M T, Tachibana K, Hitzer E M S, et al. 2008. Classification and clustering of spatial patterns with geometric algebra[M]//Geometric Algebra Computing, Leipzig, Germany: 231-247.

Prodanov D, Toth V T. 2017. Sparse representations of clifford and tensor algebras in maxima[J]. Advances in Applied Clifford Algebras, 27(1): 661-683.

Rashid M M, Iqbal G, Joarder K. 2017. Dependable large scale behavioral patterns mining from sensor data using Hadoop platform[J]. Information Sciences, 379: 128-145.

Reich W, Scheuermann G. 2010. Analyzing Real Vector Fields with Clifford Convolution and Clifford-Fourier Transform[M]// Geometric Algebra Computing, London: Springer: 121-133.

Rhind D W, Green N P A. 1988. Design of a geographical information system for a heterogeneous scientific community[J]. International Journal of Geographical Information Systems, 2(2): 171-190.

Richard H, Steve D, Bruce G, et al. 1998. Parallel Processing Algorithms for GIS[M]. UK: Taylor & Francis Ltd.: 75-76.

Richard M F. 1993. Parallel and Distributed Discrete Event Simulation[C]//Proceeding of the 25th Conference on Winter Simulation, New York.

Ritter G X , Wilson J N. 2001. Handbook of Computer Vision Algorithms in Image Algebra[M]. 2nd ed. Boca Raton: CRC Press.

Rivera-Rovelo J, Herold-Garcia S, Bayro-Corrochano E. 2008. Geometric hand-eye calibration for an endoscopic neurosurgery system[C]//Proceeding of the IEEE International Conference on Robotics and Automation, 1-9: 1418-1423.

Roa E, Theoktisto V. 2012. Primitives Intersection with Conformal 5D Geometry//Proceedings of CIMENICS 2012, IX International Congress on Numerical Methods in Engineering and Applied Sciences, Porlamar, Venezuela: 389-394.

Rosenhahn B. 2003. Pose Estimation Revisited[D]. Kiel: Christian Albrechts Universitat zu Kiel.

Rosenhahn B, Sommer G. 2005. Pose estimation in conformal geometric algebra[J]. Journal of Mathematical Imaging and Vision, 22: 27-70.

Samet H. 1984. The quadtree and other related hierarchical data structures[J]. ACM Computing Surveys, 16(2): 187-260.

Sangwine S J, Hitzer E. 2016. Clifford multivector toolbox (for MATLAB)[J]. Advances in Applied Clifford Algebras, 27(1): 539-558.

Schwinn C, Goerlitz A, Hildenbrand D. 2010. Geometric algebra computing on the CUDA platform[C]//Proceeding of the GraVisMa workshop, Plzen, Czech Republic.

Seybold F, Uwe W. 2010. Gaalet - a C++ expression template library for implementing geometric algebra[C]//6th High-End Visualization Workshop. Obergurgl, Austria, (1): 1-10.

Shekhar S, Yang K, Gunturi V M V, et al. 2012. Experiences with evacuation route planning algorithms[J]. International Journal of Geographical Information Science, 26(12): 2253-2265.

Shi W Z, Liu K F. 2004. Modeling fuzzy topological relations between uncertain objects in a GIS[J]. Photogrammetric and Remote Sensing, 70(8): 921-929.

Shi W Z, Liu K F. 2007. A fuzzy topology for computing the interior, boundary, and exterior of spatial objects quantitatively in GIS[J]. Computers & Geosciences, 33(7): 898-915.

Sommer G, Rosenhahn B, Perwass C. 2006. The twist representation of free-form objects[C]// Geometric Properties for Incomplete Data, Springer: 3-22.

Stan O, Abrahart R J. 2000. GeoComputation[M]. London: CRC Press.

Takeyama M, Couclelis H. 1997. Map dynamics: Integrating cellular automata and GIS through geo-algebra[J]. International Journal of Geographical Information Science, 11(1): 73-91.

Tao Y, Papadias D, Lian X, et al. 2007. Multidimensional reverse kNN search[J]. The VLDB Journal, 16: 293-316.

Taylor G, Brunsdon C, Li J, et al. 2006. GPS accuracy estimation using map-matching techniques: Applied to vehicle positioning and odometer calibration[J]. Computers, Environments, and Urban Systems, 30(6): 757-772.

Tomlin C D. 1988. Geographic Information Systems and Cartographic Modeling[M]. Englewood: Prentice Hall.

Valkenburg R, Dorst L. 2011. Estimating motors from a variety of geometric data in 3D conformal geometric algebra[C]//Guide to Geometric Algebra in Practice, London: Springer.

Van Oosterom P, Stoter J, Quak W, et al. 2002. The balance between geometry and topology[C]// Advances in Spatial Data Handling. Berlin Heidelberg: Springer: 209-224.

Ventura D, Martinez T. 1998. Quantum associative memory with exponential capacity[C]//Proceeding of IEEE International Joint Conference on Neural Networks. Anchorage, AK.

Wang A, Shen Y, Wang L, et al. 2012. Large-Scale Multimedia Data Mining Using MapReduce Framework[C]// Proceeding of the 4th IEEE International Conference on Cloud Computing Technology and Science, Taipei, Taiwan: 287-292.

Wang C, Zou Z, Hu X, et al. 2020. Towards the digital modelling of natural entities and its Pseudo-representation[J]. International Journal of Image and Data Fusion, 13(11): 1-12.

Wareham R, Cameron J, Lasenby J. 2005. Applications of conformal geometric algebra in computer vision and graphics[J]. Lecture Notes in Computer Science, 3519: 329-349.

Wietzke L, Fleischmann O, Sommer G. 2008. Signal analysis by generalized Hilbert transforms on the unit sphere[J]. Numerical Analysis and Applied Mathematics, 1048: 706-709.

Winter S, Frank A U. 2000. Topology in raster and vector representation[J]. GeoInformatica, 4(1): 35-65.

Wörsdörfer F, Stock F, Bayro-Corrochano E, et al. 2009. Optimizations and Performance of a Robotics Grasping Algorithm Described in Geometric Algebra[C]//Proceeding of Iberoamerican Congress on Pattern Recognition: 263-271.

Xiao S, Yuan L, Luo W, et al. 2019. Recovering human motion patterns from passive infrared sensors: A geometric-algebra based generation-template-matching approach[J]. ISPRS International Journal of Geo-Information, 8(12): 1-19.

Xie C, Lin D, Waller S T. 2010. A dynamic evacuation network optimization problem with lane reversal and crossing elimination strategies[J]. Transportation Research Part E: Logistics And Transportation Review, 46(3): 295-316.

Yang C, Huang Q, Li Z. 2017. Big data and cloud computing: Innovation opportunities and challenges[J]. International Journal of Digital Earth, 10(1): 13-53.

Yuan L, Lü G, Luo W, et al. 2012. Geometric algebra method for multidimensionally-unified GIS computation[J]. Chinese Science Bulletin, 57(7): 802-811.

Yuan L, Yu Z, Chen S, et al. 2010. CAUSTA: Clifford algebra-based unified spatio-temporal analysis[J]. Transactions in GIS, 14(s1): 59-83.

Yuan L, Yu Z, Luo W, et al. 2011. A 3D GIS spatial data model based on conformal geometric algebra[J]. Science China Earth Sciences, 54(1): 101-112.

Yuan L, Yu Z, Luo W, et al. 2014. Clifford algebra method for network expression, computation, and algorithm construction[J]. Mathematical Methods in the Applied Sciences, 37(10): 1428-1435.

Yuan L, Yu Z, Luo W, et al. 2013. Geometric algebra for multidimension-unified geographical information system[J]. Advances in Applied Clifford Algebras, 23(2): 497-518.

Zaharia M D, Dorst L. 2003. Modeling and visualization of 3D polygonal mesh surfaces using geometric algebra[J]. Computers and Graphics, 29(5): 802-810.

Zhang J, Lei D, Feng W. 2014. An approach for estimating toxic releases of H_2S-containing natural gas[J]. Journal of Hazardous Materials, 264: 350-362.

Zheng X. 2007. Efficient Fourier Transforms on Hexagonal Arrays[D]. Florida: University of Florida.